图解建筑知识问答系列

钢筋混凝土结构建筑入门

[日]原口秀昭 著

马华 译

李振宝 刘平 校

中国建筑工业出版社

著作权合同登记图字：01-2012-0899号

图书在版编目（CIP）数据

钢筋混凝土结构建筑入门／（日）原口秀昭著；马华译.
北京：中国建筑工业出版社，2016.6（2024.2重印）
（图解建筑知识问答系列）
ISBN 978-7-112-19318-9

Ⅰ.①钢… Ⅱ.①原… ②马… Ⅲ.①钢筋混凝土结构－图
解 Ⅳ.①TU375-64

中国版本图书馆CIP数据核字（2016）第067184号

Japanese title :Zerokarahajimeru"RC zou Kenchiku"Nyuumon
by Hideaki Haraguchi
Copyright © 2008 by Hideaki Haraguchi
Original Japanese edition published by SHOKOKUSHA Publishing Co., Ltd.,
Tokyo, Japan
本书由日本彰国社授权翻译出版

责任编辑：白玉美　刘文昕
责任校对：陈晶晶　李美娜

图解建筑知识问答系列
钢筋混凝土结构建筑入门
[日]原口秀昭　著
马华　译
李振宝　刘平　校
*
中国建筑工业出版社出版、发行（北京西郊百万庄）
各地新华书店、建筑书店经销
北京锋尚制版有限公司制版
建工社（河北）印刷有限公司印刷
*
开本：787×1092毫米　1/32　印张：9　字数：240千字
2016年8月第一版　2024年2月第九次印刷
定价：35.00元
ISBN 978-7-112-19318-9
（31497）
版权所有　翻印必究
如有印装质量问题，可寄本社退换
（邮政编码 100037）

序言

　　让我们先回顾一下建筑学科的大学课程。结构力学是从桁架的应力计算或是从一个简单梁的应力计算开始的；材料方面有混凝土的破坏试验；环境方面有有效温度或热抵抗的计算；历史方面是从埃及、希腊开始的。因为上课的内容跟现实有一定的差距，所以不管设计多有乐趣，但涉及课程所教授的内容即使是高端的设计理论，是不是都有一种手采云朵的感觉呢？

　　大学的授课方式是老师们只教授各自专业领域内的课程，所以尽管各个学科都学到了，但难以看到整个建筑设计的全貌。一级建筑师资格考试的学习多少倾向于实际设计，但因为注重记忆，诸如钢筋的保护层厚度、文件的提交单位以及法规的钻研等方面，实际上也还是缺乏实践锻炼的。

　　笔者真正进行建筑学习，也是进入研究生课程之后在实际设计中才开始的，并从建筑公司的大叔们和匠人们那里学到了很多的东西，到现场后，经常问他们这是什么、那是什么。出乎意料的是，大学老师反而疏忽了实践知识。

　　为什么会变成这样？这或许是因为建筑学科把课程当作学问而进行了竖向切割的缘故吧。建筑本来作为工学科目，应该综合性地学习，但却被细分成各种理论进行授课，所以才形成了现在的局面吧。

　　实际的建筑物，理所当然地就是实际的物理存在，所以是与各个领域的知识或技术的横向连接有关联的。也就是说，作为实战式的建筑学习，应该考虑使用实际存在的建筑物进行学习。

　　这样说，也是有其原因的。在小规模的大学里教授建筑设计或法规时，会有很多学生问诸如"框架结构和钢筋混凝土结构有什么不同"这样非常离奇的问题。连这样最基本的东西都不明白，却拼命地为了应付考试而记住应力计算方法，这样做真的可以吗？来自于学生的各种各样的提问，引人深思。

　　用跨专业一词有些夸张，所以先不谈专业问题，只从更基础的事情开始，直接说明建筑的实际问题，是不是更有必要呢？抱着这个想法，在网络博客上（http://plaza.rakuten.co.jp/haraguti/），针对学生们想了解的知识进行了一些介绍。为了使学生不致厌烦，每次都会附上插图说明。这样一直做下来，就形成了现在的这本钢筋混凝土结构用书。

尽管如此，这本书既不是以钢筋混凝土结构为中心，也不是以材料、施工为中心，更不是以建筑设计为中心写成的，而只是单纯地介绍什么是钢筋混凝土结构房屋、它是怎样组成的、设计和施工中至少要了解什么知识，诸如此类的非常基础性的知识，并根据类别分组，以钢筋混凝土结构的二三层住宅、住宅公寓、办公楼、商店等为对象写成的。

书中小题目的顺序也是以建筑结构的全貌开始的，在这里主要以理解建筑全貌及建筑组成作为首要目的。这样的布局是参考制图设计课程中学生所涉及的问题而设的。然后学习作为钢筋混凝土的材料被使用的混凝土和钢筋的性能，之后依次以结构本身、地基、基础、钢筋、浇筑混凝土、防水、门窗、装饰工程、内装修这样的基本顺序进行叙述。

总体而言，本书的内容是按照建筑全貌→结构本身→工程细部的顺序进行的。如果从头读起的话，应该能掌握钢筋混凝土结构的全貌、结构本身的组成，以及各工程细部的基础知识。

想学习建筑的基础知识，但大学和专科学校的学习分类过细，根本没法明白！想知道什么是实际的建筑！请这样的同学或建筑结构初学者一定读一下这本书。让我们兴趣满满地一起学习吧！

最后，感谢在本书的策划阶段给予关照的彰国社的中神和彦先生，以及能让繁杂的编辑工作顺利进行的尾关惠女士。

原口秀昭
2008 年 5 月

目录

9 建筑附属构件

10 装饰工程

11 内装修

日文原著

装　　帧：早濑芳文
绘　　画：内山良治
正文设计：铃木阳子

图解建筑知识问答系列

钢筋混凝土结构建筑入门

Q　如果以桌子为例的话，桌子是什么结构形式呢？

▼

A　框架结构（Rahmen）。

这个框架结构是由桌腿和与其相连的横撑以及上面的桌面构成的。为保证桌腿和横撑成直角，需将它们坚实地固定到一起。如果没有横撑的话，不仅不能保证桌腿垂直站立在地面上，而且桌面板在自重作用下也会挠屈。

这里的桌腿如同建筑结构中的柱，横撑如同梁，桌面如同楼板。Rahmen这个词源自德语，意思是骨架或框架。slab这个词源自英语，意思是板、厚板、石板。用在建筑上，slab就不是指墙板而多指楼板了。

Q 桌子（框架结构）腿的底部必须布置横撑吗？
▼

A 必须布置的。

一般情况下，桌腿的底部没有横撑，但建筑物的柱底端有横撑。该横撑是梁的一种，在最底层的基础位置设置，一般称为基础梁。为确保柱与柱之间的位置保持不变，基础梁是必须要设置的。柱与柱之间若像裤子一样横向自由变化的话，建筑物必然倒塌。与桌子不同的是，建筑物的重量非常大，因此必须设置基础梁。基础梁是梁中截面最大的。

因为最下层还有地面板，所以基础梁的另一个任务就是支承地面板。初学者很容易忘记这个基础梁，需特别留意噢。

连接桌腿底部的横撑如同建筑物的基础梁

若无此横撑，桌腿就不稳定啦

1

结构形式

Q　把桌子（框架结构）摞起来时，桌腿（柱）的位置应该上下对齐吗?
　　▼

A　通常是要对齐的。

柱是传递竖向荷载的构件，所以一般要上下对齐布置。若上柱与下柱错开布置，就不能把竖向荷载顺利地传递下去，使梁产生弯曲的力也会增大。

尽管也可以通过加大梁的截面尺寸来实现上柱和下柱的错开布置，但这并不是常用方法。对于框架结构，一般是把一层、二层以及三层的柱对齐布置。

Q 框架结构可以做成圆形、椭圆形以及三角形等形式的曲线形楼板吗？

A 可以。

就像有圆形、椭圆形以及三角形等曲线形桌子一样，建筑物也可以做成曲线形状的。

我们可以把梁做成曲线形状的，但这样做的造价太高。另外，弯曲太大容易造成结构的不稳定。如果做成太锐利的三角形楼板，也不容易与柱很好地连接。

曲线

三角形

只要能把梁支撑住就OK啦！

Q 为什么报告厅等大空间房屋要设在建筑最顶层呢?

▼

A 大空间房屋意味着在房间里不能设置柱子。大房间如果设置在结构底部的话,因为没有柱子,上部柱传来的荷载只能让梁承担。如果将大房间设置在最顶层,下层梁就不必那么辛苦了。因此,一般将大房间设置在最顶层。

因为最顶层的梁仅承受屋面荷载,因此尽管梁的跨度大(开间大),但梁上承担的荷载不会很大。而如果在最底层设置跨度较大的梁,那么底层梁就要承受上部柱传来的全部荷载。对框架结构而言,用梁承担上部柱传来的全部荷载比较困难。但这也并非说不可能,只是说需要使用巨型梁才能实现用梁承担上部柱传来的全部荷载。

从结构的合理性方面看,大房间最好设置在最顶层。大房间是指影剧院、报告厅等在短时间内聚集大量人群的场地。大房间设置在顶层时,因为很多人要到楼上,所以需要设置的电梯数量增多。另外,灾害发生时需要下楼避难,所以需要设置的楼梯数量也会增多。

所以,对于将大房间设置在顶层的这种布置方法,虽然结构设计令人满意,但建筑的移动线路设计却是问题。尽管如此,在都市中心部位建造的建筑,在其最顶层设置大房间的情况还是很多。

在建筑一层设置大房间,一层之上为小柱距的柱排列组合,这种结构形式很像在平房屋顶上增建的二层"神乐"(在平房上增建二层的一种方法)建筑,因此有时也称这类建筑为"神乐型框架"。另外,由于柱直接搭在梁上,所以也称其为"梁承载型框架"。

屋面轻,所以梁很舒服

大空间

柱将上部所有荷载都传给梁,所以梁是很辛苦的

大空间

柱下面应该还有柱支撑着

Q 纸箱最像哪类结构形式呢？
▼

A 墙体结构。

在纸箱上开洞，窗户或门就做成了。洞口太大，箱子就会破坏。开洞时如果不在洞口的四周留下一些纸壳的话，箱子就不能发挥箱子的作用了。在洞口左右留下的纸壳如同墙体，在洞口上面留下的纸壳如同墙梁，水平面上的纸壳如同楼板。

纸箱（墙体结构）不能像桌子（框架结构）那样做成开放式的。因为如果开窗过大，就没有墙体了，结构就会破坏。

前述两大结构形式简单概括一下，就是：

桌子→框架结构

纸箱→墙体结构

楼板（slab）

墙梁

墙体

纸箱是墙体结构

Q 1　桌子（框架结构）是用什么承载的?
　　2　纸箱（墙体结构）是用什么承载的?

▼

A 1　桌腿（柱）。
　　2　墙体。

桌子（框架结构）是用杆件组合成的结构，而纸箱（墙体结构）是用板材组合成的结构，因此是杆件与板材的区别。

　　桌子（框架结构）→用杆件承载的结构形式

　　纸箱（墙体结构）→用板材承载的结构形式

Q 纸箱（墙体结构）摆起来时，上下墙的位置要对齐吗？
▼

A 对齐。

纸箱（墙体结构）是用墙传递竖向荷载的。上下若不对齐，荷载就不能很顺畅地传递，并导致下面的箱子破坏。

一至三层的墙体通常是要上下对齐的，也就是说，墙体一般在各层都要求对齐。下一层墙上若开洞过大，而且此洞的上方若没有布置能起到梁作用的小墙（墙梁）的话，将无法支撑上部墙体传下来的荷载。

原来墙体上下是要对齐的

不可以错开的啦

对齐布置

错开啦

Q 1 如何简单地描述框架结构呢？
2 如何简单地描述墙体结构呢？

▼

A 1 框架结构是用梁和柱这样的杆件支承的、如同桌子一样的结构形式。

2 墙体结构是用墙体这样的板材支承的、如同纸箱一样的结构形式。

这是非常重要的概念，所以这里要再概括一下。请参见下面的示意图，并在脑海里再重复一遍框架结构和墙体结构的区别。

框架结构是用梁和柱、墙体结构是用墙板来支撑的结构形式。

框架结构中的杆件既可用于柱，亦可用于梁。梁和柱在连接处要保证是直角，否则结构就会倒塌。墙体结构的板材，既可用于墙、墙梁，亦可用于楼板，只是洞口不宜过大，否则结构会破坏。

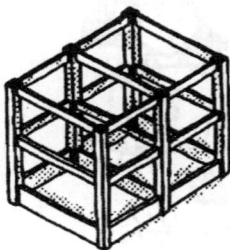

框架结构

用梁和柱承受荷载、
如同桌子一样的结构

墙体结构

用墙板承受荷载、如
同纸箱一样的结构

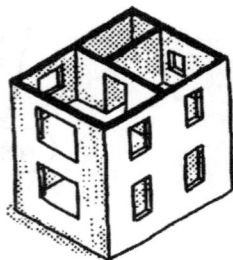

Q　1　框架结构（桌子）用什么材料呢?
　　2　墙体结构（纸箱）用什么材料呢?

A　1　钢筋混凝土（RC）、钢（S）、钢骨钢筋混凝土（SRC）以及大截面的木材（W）。
　　2　钢筋混凝土（RC）、混凝土加固砌体（CB）、木材（W）以及轻质钢材（LS）。

各种结构形式会在后面的章节中介绍，这里的框架结构、墙体结构是用来描述结构形式的；而钢筋混凝土等，是用来描述结构用何种材料的。因此，要特别注意这些说法的不同之处。

如今的木结构因为使用较细的柱子，所以造成柱和梁的连接部分比较弱，如果只靠其自身能力是无法保证连接处的直角关系的。这时，可以考虑使用墙体加固法来保证梁柱之间的直角关系。

传统做法和2×4做法都是以墙体为主的结构形式，使用这些方法的建筑都接近于墙体结构形式；但如果像寺院建筑那样使用大尺寸柱子的话，柱与梁之间的连接就能保证为直角，所以这种寺院结构无论怎么看都接近于框架结构形式。所以，木结构到底属于框架结构还是墙体结构，就不是很明确。

同样地，对于钢结构，由于轻型钢结构住宅中会使用比较细弱的钢材，因此，为区别它们与大型钢材的不同，我们称其为轻型钢。轻型钢也像木结构一样，需要加固墙体以便保证梁柱为直角。

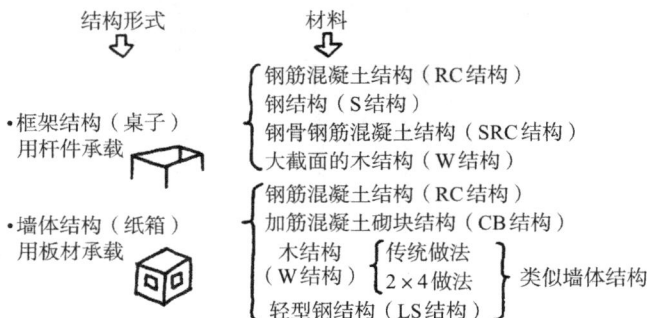

结构形式　　　　　　材料
　⇩　　　　　　　　⇩

・框架结构（桌子）　┌钢筋混凝土结构（RC结构）
　用杆件承载　　　　│钢结构（S结构）
　　　　　　　　　　│钢骨钢筋混凝土结构（SRC结构）
　　　　　　　　　　└大截面的木结构（W结构）

・墙体结构（纸箱）　┌钢筋混凝土结构（RC结构）
　用板材承载　　　　│加固混凝土砌块结构（CB结构）
　　　　　　　　　　│木结构　┌传统做法　┐类似墙体结构
　　　　　　　　　　│（W结构）└2×4做法　┘
　　　　　　　　　　└轻型钢结构（LS结构）

尽管种类很多，但其实只使用混凝土、钢材和木头呀!

Q 框架结构的房间，其布置的自由度高还是低呢？

▼

A 高。

因为框架结构（桌子）的垂直部分只有柱子，所以障碍物只有柱子，其他部分都可以自由布置。不能移动的只有柱子，而墙体是可以自由设置的。

商品房住宅的情况，由4根柱子支撑一个住户，所以一般仅在与其他住户分界的地方使用钢筋混凝土结构，而住户内部，用木材或轻质钢材等轻质墙体分隔。当家庭结构发生变化时，可以把这个轻质墙体拆掉，从而改变房间的布置。

　　框架结构→房间布置自由度高

　　墙体结构→房间布置自由度低

成为房间布置障碍的只有柱子喽

轻质墙体，能自由自在地布置啦

Q 墙体结构的房间，其布置的自由度高还是低呢？

▼

A 低。

墙体结构是用墙体承载的结构形式。

如下图所示的这种墙体结构，是先把石块砌成墙体，再在墙与墙之间用原木搭成二层楼板建成的。这种墙体结构就不能把石墙的一层和二层错开砌筑。

石墙之间的间隔只有5~6m左右，如果想在石墙之间布置房屋，只能再增设一片木墙而已，因为石墙是没有办法移位的。即便是混凝土墙，充其量也只能在一个开间内布置两个房间而已，因为钢筋混凝土墙也是无法移位的。

所以墙体结构的房间布置自由度比较低。

因为是用墙体承载的，所以墙体是不能错开的啦

所以房间是不可能自由布置的呀

Q 像单间或一室一厅住宅建筑那种建筑面积较小的剪力墙结构，抵抗地震的能力强还是弱？

▼

A 强。

剪力墙结构的建筑物可以看作是用一个又一个钢筋混凝土箱子组合而成的。若其中一个混凝土箱子较小的话，那么所建成的建筑物的剪力墙就多。另外，由于墙体是从上至下全部贯通的，所以抵抗地震的能力强。

通常情况下，商品住宅中的各户都是用混凝土墙体围起来的，墙体的数量比其他普通建筑要多。又由于剪力墙结构中的墙体同时具有承受建筑重量的作用，因此，上下是贯通的。可以说，纵横向墙体布置比较多的一室一厅住宅建筑，是抵抗地震作用能力相当强的一种建筑形式。

用一个一个小箱子集合而成的剪力墙结构，抵抗地震作用还蛮有一套呢

Q 框架结构的底层只有柱子（底层架空）的建筑，遇到大地震会怎么样？

▼

A 荷载会集中到一层的大空间部分，此部分有可能发生破坏。

◆ 底层以上部分各层的墙体多且坚固，而底层只有柱，故柔软，所以荷载会集中到底层。最糟糕的情况是，底层柱无法承受大地震的作用而倒塌。若在底层也适当布置一些墙体，或在柱的设计上多费些心思的话，应该不会有问题。

对于阪神·淡路大地震时，由于底层大空间的破坏而导致建筑整体倒塌的现象，也有很多报道。即使是木结构，在底层由于设置店铺或走廊而减少墙体时，荷载会集中到底层并容易导致其破坏。

框架结构通常是由柱和梁承受荷载的，但为了抵抗来自水平方向的荷载，也会设置一些剪力墙来加强结构。建筑整体柔软是好现象，但如果只有一部分柔软，那么荷载就会集中到这一部分，因此，需要在底层增设剪力墙，或把底层柱子做得更结实等方面下功夫。

在底层架空结构上若不下功夫的话会很危险哦

嘎嘎

嘎嘎

坚硬

柔软

荷载集中到这里啦

Q 使用底层架空的设计效果如何呢？
▼

A 因为建筑物是用柱托起来的，所以有一种轻快感。另外，一层是对外开放的，所以可以用入口前面的一部分作为外部空间或停车场。

做底层架空建筑最出名的人，当属勒·柯布西耶吧。他提出了近代建筑的五个原则（1926年）：

① "自由平面"，不是传统的墙体结构，而是框架结构（勒·柯布西耶称之为多米诺骨牌系统）

② "自由立面"是从重量中解放出来的墙体

③ 不要墙体结构的竖向长窗，而要框架结构明快的"横向长窗"

④ 用柱将结构一层托起，使地面成为公共开放的"大空间结构"

⑤ 地面公共开放，并将至今为止从未使用过的屋顶做成私人"屋顶庭院"

完全实现上述五原则而建成的建筑，是巴黎郊外的萨伏伊别墅（1929年）。这栋建筑的客厅、主卧室等主要房间被提升到二层，并把具有中庭风格的露台包围其中，屋顶上还设有阳光浴空间。因为屋顶作为私人庭院，地面作为公共场所开放使用，所以这栋建筑被设计成了底部架空结构形式。事实上，由于这所住宅的四周用围墙围起来了，所以地面并没有真正开放。但在入口处留出一块空地这样有趣的设计理念给人带来的清新印象，就是它的成功所在了。

底部架空结构今天亦多用于公共性的高层建筑。另外，把商品住宅等建筑的底层架空作为停车场，由于其实用价值而被普遍应用。

萨伏伊别墅

屋顶庭院

由于是大空间，所以地面可以呈开放式的

Q 悬臂是怎么回事呢?

A 是指悬臂梁。

像树枝一样,仅由一侧的柱支撑着,并且向外悬挑出的梁,通常被称为悬臂(cantilever)梁。因其向外挑出的造型之缘故,所以也称之为悬挑结构,也有"结构悬挑"等说法。

仍以桌子作比喻,在柱轴线以外的部分,就相当于悬挑出的部分。轻量级的桌面板是可以向外挑出的,但建筑物是重量级的,所以必须要设置梁来支撑悬挑部分。我们称此梁为悬臂或悬臂梁。另外,我们也称向外悬挑出的全体结构为悬臂结构。悬臂会给人以动感,是多数建筑师所喜爱的建筑方式。混凝土的框架结构可以悬挑出 3~5m。若用特殊梁会挑出更长更远。

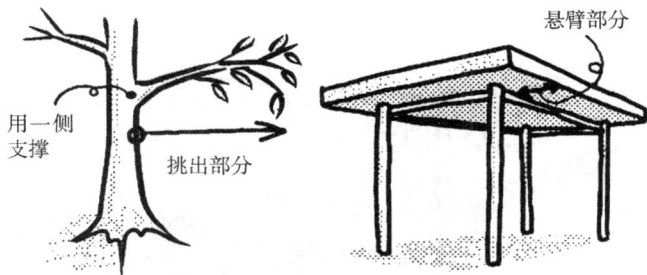

用一侧支撑

挑出部分

悬臂部分

Q 建筑设计上悬挑的效果如何?
▼

A 这种结构好像不顾重力而向外挑出,所以给人以动态的视觉效果。悬挑还能表现多种形式的设计效果。

● 弗兰克·劳埃德·赖特设计的流水别墅(1939年),其客厅部分在小瀑布之上挑出(悬挑结构),是用悬挑部分阳台的窗腰和屋檐来突出水平线的杰作。在依山一侧的混凝土墙面贴石块,而山谷一侧挑出轻盈的阳台或遮阳板,两者对照鲜明。

赖特式结构,大多难以明确区分是框架结构还是墙体结构。他为了所追求的建筑空间或外形,会在不同情况下使用不同的结构混合形式,而这也是选择结构形式的一种思考方法。罗比住宅(1909年)的墙体用混凝土结构,屋顶用木结构,但挑出的屋檐则用钢结构。

现在的流水别墅,由于小瀑布之上悬挑部分的重量问题而在向山谷方向倾斜,为防止倾斜也采取了一些措施。如果有机会去美国,这个建筑应该是列在必参观建筑之内的(在匹兹堡市郊区)。

悬挑出的阳台式遮阳板

流水别墅

Q 悬吊式结构用在什么地方呢？
▼

A 以吊桥为代表的土木结构中经常使用这种结构形式。

丹下健三设计的国立代代木竞技场（1964年）是悬吊式结构的代表之作。这种结构一般用于大型遮阳板等建筑结构的一部分。

就结构形式而言，除悬吊式结构以外，还有折板结构、壳体结构、膜结构（membrane）等，归类为特殊结构形式。一般情况下，经常见到的建筑结构几乎都是框架或墙体结构。

几乎所有的建筑结构→框架结构、墙体结构

特殊建筑→悬吊式结构、折板结构、壳体结构、膜结构等

大大的

国立代代木竞技场

一般只用这么一小部分哦

悬吊式结构

一部分

Q 折板结构用在什么地方呢？

▼

A 音乐厅、体育馆等大空间上。

安东尼·雷蒙德设计的群马音乐中心（1961年）因其折板结构而著称。

就像把薄纸折成锯齿形后纸片的强度能提高一样，折板结构的基本思路是通过折叠的方式而提高板的强度。

预制小房子、预制住宅、停车场屋顶、仓库屋顶等，作为一种价廉的屋面而被广泛使用的折板屋顶，尽管只用于结构的一部分，但由于是通过折叠薄铁板而提高其强度的，所以也可称之为折板结构。

可以用到大空间结构上哟

大大的

群马音乐中心

一部分

折板屋顶

Q 壳体结构用到什么地方呢？

A 体育馆、大厅、候机楼等大空间结构上。

埃罗·沙里宁设计的TWA机场候机厅（1962年）是以壳体结构而著称的。若建筑物整体都采用壳体结构，墙体就不能是垂直的，所以只有特殊建筑才会用壳体结构。

隧道的拱顶，还有如同碗倒置的圆屋顶，都属于壳体结构。同样地，屋顶或遮阳板也有用壳体结构的。

壳（shell）是指贝壳、蛋壳等曲面状的壳体，可以说，壳体结构就是如贝壳一样的结构。薄薄的面若做成曲面就比平面更结实。壳体结构就是利用这个原理设计成的。

大大的

TWA机场候机厅

像贝壳一样的曲面就更结实啦

一部分

拱顶　　　　　圆屋顶

Q 膜结构用到什么地方呢?

▼

A 竞技场、棒球场等大型空间结构的屋顶上。

⬢ 弗雷·奥托等设计的慕尼黑奥林匹克体育场(1972年)是以膜结构而著称的。

在空旷区域办展览所用帐篷的遮阳板、临时建筑的帐篷,基本上都是膜结构。像这样用薄薄的膜组成的结构形式,即为膜结构。

膜的支撑方式多种多样。慕尼黑奥林匹克体育场是用设置在柱上的钢索吊起来的,这也是悬吊式结构的一种形式。三角形的帐篷也是用两根柱子吊起来支撑的悬吊式结构。

穹顶式帐篷是把柱子弯成拱形来支撑帐篷的。东京穹顶等建筑,是通过将其空气压力增大等方法来支撑膜结构的。

膜的英语是membrane。因此,也叫membrane结构。

大大的

慕尼黑奥林匹克体育场

帐篷也是用的膜结构

一部分

临时建筑

Q 若用一张A4纸做屋顶、四本新书做墙体的话，如何做成折板结构、壳体结构和悬吊式结构的屋顶模型呢？

▼

A 简单的模型实例如下图所示。

用纸制作折板结构是很简单的，只要将纸折成锯齿状就行了。下图的右侧，是锯齿折叠完成前的模型。哗啦哗啦作响的一张薄纸，只要折叠一下就会让人感觉到它的强度增大了。

壳体结构、隧道形状的墙体是最容易做的，将纸折成半圆状后，在其下部两侧放置书籍以防止下部向外滑移就完成了。要点是要防止下部两侧的滑移。所以，即使是实际的建筑，若两侧底端不压住的话，屋顶也会被破坏。

尽管悬吊式结构制作起来稍稍有些费力，但也可以像下图那样，将纸的端部稍微弯折一下夹到书中，然后做成悬吊式。书若竖直站立太柔、不稳定的话，水平站立就能站稳了。最后将纸的一端折叠夹在书里面，就大功告成了。

利用垂吊方式形成的曲线，我们称之为悬链线。由丹下健三设计的国立代代木竞技场，比悬链结构的坡度还要陡峭，而且形状上也表现出一种动感。似乎仅追求结构的合理性，是难以产生优美的建筑设计的。对于能实现这样的建筑，结构专家坪井善胜是功不可没。

折板结构

壳体结构

悬吊式结构

用纸制作折板结构很简单的哟

Q 用橡皮圈绑扎一次性筷子制作成的长方形和三角形，哪一种更容易产生变形破坏？

▼

A 长方形更容易产生变形破坏。

用力按压长方形的任意一个顶点，它马上就变成一个平行四边形啦。长方形保持直角难度很大，但三角形却能很好地保持其形状不变。即使是用橡皮圈捆绑起来的三角形，也很难因变形而破坏。建筑很好地利用了三角形的性质。

变成平行四边形啦

嘎嘎

可三角形不会变形的哟

Q 桁架用到什么结构形式上呢?
▼

A 钢桥或运动场馆等大型空间结构。

桁架是指用三角形组合成的结构形式，通常用于钢桥等土木工程。另外，也用于屋顶结构、运动场馆等横跨大型空间结构的梁上。

不仅可以把桁架用于像梁那样的细长结构，也可用于在宽度方向扩展后形成的面状结构，如用桁架做成的楼板、屋顶等结构。另外，在穹顶或隧道的拱顶这样的壳体结构上，也可以把桁架组合其中。

桁架是利用"三角形不易变形"的基本原理做成的。一根一根的材料都很细弱，但组合成桁架就能变成结实的结构。桁架的优越之处在于它的轻便、造价低，而且还能组装成大型结构。

钢桥

桁架是三角形的组合

原来三角形是如此强壮的呀

屋顶

梁

Q 若用橡皮筋把7根一次性筷子绑扎成桁架的话，能做成什么样子呢？

A 下面这个图，就是简单制作出的一个模型。

这是由3个正三角形组合而成的桁架。从上向下施加压力的话，会感到它的强度出奇地高。但如果从与桁架平面成直角的方向加力的话，桁架却很容易弯曲。

自己尝试做做看就能知道，几根筷子聚集到一起的节点是比较辛苦的地方。真实桁架的节点同样是关键点。一般使用圆形节点将杆状构件集合到一起，而且需要受过训练的专业人员操作。

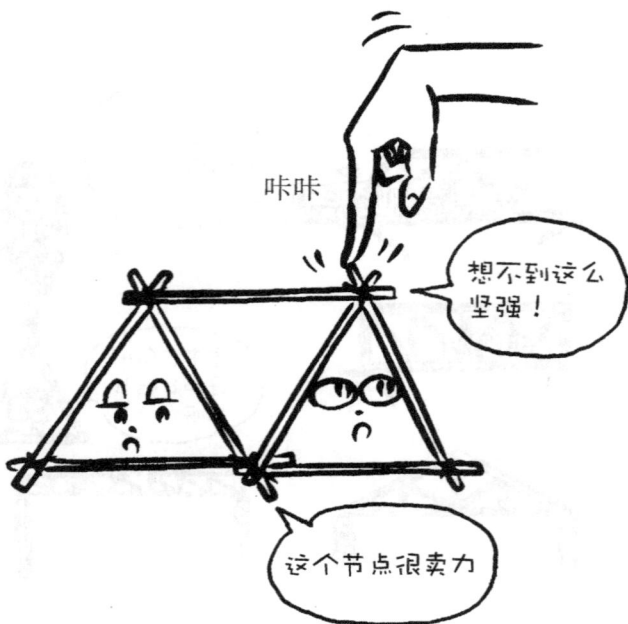

Q 什么是RC呢?
▼

A 钢筋混凝土。

RC是Reinforced Concrete的略称,而Reinforce是加固的意思,若直译的话,RC就是"加固了的混凝土"之意。

Reinforce的re在英文中是指"又、再"等的前缀,in是指"其中",而force是指"力、力量"。因此,Reinforce的原意可以解释为"再次将力加入其中",即指加固。

但用什么加固混凝土呢? 当然是钢筋。所以,RC就是指钢筋混凝土了。

框架结构、墙体结构等是指用何种结构形式承载,指的是某种结构形式,但RC结构和S结构等,是指结构中使用的材料是什么,并以此区分结构,所以需要特别注意其区别。

> 框架结构、墙体结构等→根据结构组织以及形式的分类
> RC结构、S结构、W结构等→根据结构材料的分类

2

钢筋混凝土

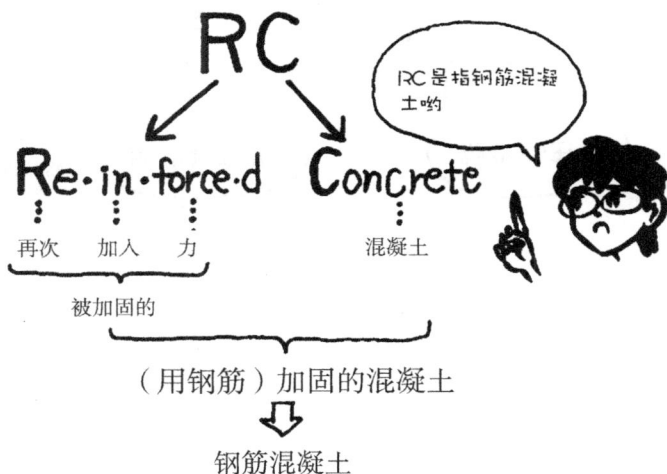

Q 为什么混凝土需要加固呢?

▼

A 因为混凝土的抗拉性能弱呀。

混凝土具有抗压(承受压力)性能强,但抗拉性能弱的特点。为了弥补其抗拉性能弱的缺陷,才将大量的钢筋(钢棒)布置在混凝土中的。

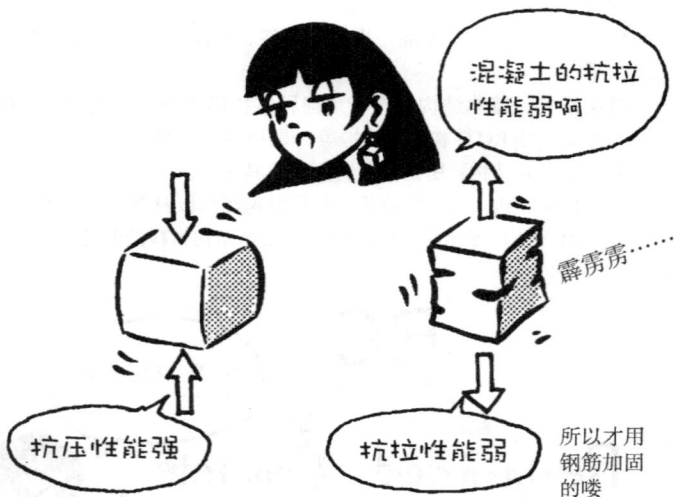

混凝土的抗拉性能弱啊

霹雳雳……

抗压性能强

抗拉性能弱

所以才用钢筋加固的喽

Q 混凝土和铁的热膨胀系数相同还是不同呢?

▼

A 差别不大。

想象不到的是,钢和混凝土具有大致相同的膨胀系数。准确地说,它们的线性热膨胀系数大致相等。

若以0℃时的长度L_0为基准,而t℃时的长度L所对应的伸长率(dL/dt)得出的基准倍数((dL/dt) L_0/)的数值,即为线性热膨胀系数。

因为钢和混凝土的线性热膨胀系数基本相同,所以钢筋混凝土的组合才有可能。因为对热的膨胀、收缩是相同的,所以钢筋和混凝土才不至于分离。

日文中一直用"铁筋",准确地说应该用"钢筋"。在铁(iron)里面加入碳元素就是钢(steel)。

混凝土

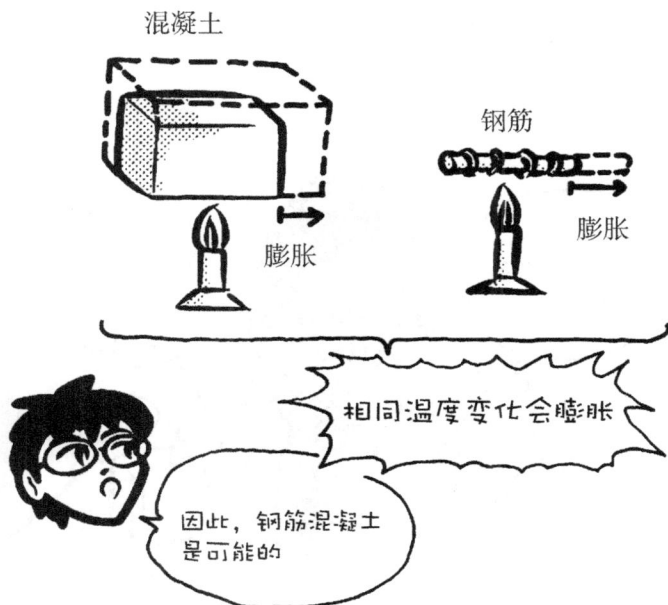

钢筋

膨胀

膨胀

相同温度变化会膨胀

因此,钢筋混凝土是可能的

Q 钢筋在混凝土中生锈吗?

▼

A 不生锈。

铁在水里会氧化而变成氧化铁（Fe_2O_3，即三氧化二铁），氧化铁即所谓的"红铁锈"。

铁的氧化需要在有氧环境中进行，而且在强碱环境中氧化是无法进行的。混凝土是碱性物质，所以铁不会在混凝土里面氧化而导致生锈。因此，钢筋和混凝土在一起是没有问题的。但若混凝土的碱性消失而变成中性化物质，里面的钢筋就会锈蚀。混凝土是从表面开始中性化的，并从表面开始至内部出现钢筋锈蚀并膨胀，从而使混凝土破裂而坏。中性化是混凝土损伤的一个原因。

混凝土受拉强度低的弱点由钢筋弥补，同时混凝土的碱性保护了钢筋不使其锈蚀，而钢筋和混凝土的膨胀系数又相同，这些条件促成了混凝土和钢筋能在一起共同工作。

钢筋混凝土的性质如下所述：

① 钢筋能弥补混凝土强度的不足

② 钢筋在混凝土的碱性环境下不会锈蚀

③ 钢筋和混凝土的热膨胀系数相同

混凝土是碱性的呀！所以钢筋不会锈蚀哟！

不生锈

水   氧化   混凝土（碱性）

红锈（氧化铁）

Q 1 混凝土的（ ）能力弱，所以才用钢筋弥补。
2 混凝土和钢筋的线性热膨胀系数相等吗？
3 混凝土是（ ）性的，所以内部的钢筋不会锈蚀。

▼

A 1 抗拉
2 几乎相等
3 碱

上述的三个要点，请一定记住。

答案A1正是RC用语的出处。混凝土的抗拉能力弱，所以才用钢筋来补强。补强后的混凝土被称为Reinforced Concrete，并简称为RC。

答案A2是指钢筋和混凝土受热后的伸长率几乎是相等的，因此，即使加热也不会发生由于变形不同而出现的相对滑移现象，从而能达到协同工作的目的。

答案A3是指混凝土是碱性的，所以铁在其中不生锈。但是当混凝土的碱性变为中性时，则钢筋产生锈蚀。所以，混凝土的中性化可不是什么好现象。

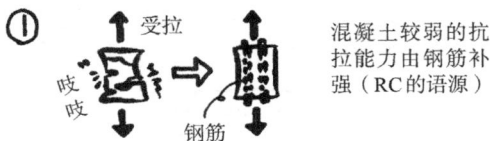

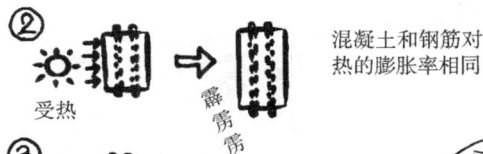

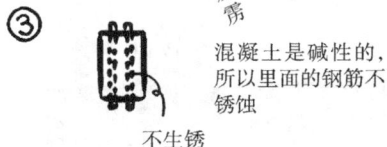

① 受拉　　钢筋

混凝土较弱的抗拉能力由钢筋补强（RC的语源）

② 受热

混凝土和钢筋对热的膨胀率相同

③

混凝土是碱性的，所以里面的钢筋不锈蚀

不生锈

原来是因为钢筋和混凝土的性情相像，所以它们才能组合到一起呀

Q 钢筋混凝土结构的不足是什么?

▼

A 造价高、过重、因混凝土抗拉强度弱而容易产生裂缝、易导热。
若做成平屋顶,防水也是问题。

首先说说造价高的问题。钢筋混凝土结构的造价大约是木结构的
两倍。就1坪(约为3.3m²)的造价而言,木结构一般为50万日元
左右,而钢筋混凝土结构则需要大约100万日元。另外,因为钢筋
混凝土结构较重,尽管也有不容易传递声音和振动的优势,但要
支撑较重的楼板、梁、柱以及基础,所以就连基础下面的桩,也
需要很结实才行。

若使用钢结构,尽管同等体积下钢材要比混凝土重很多,但要支
撑同样一个建筑物,钢结构的强度高,不会像混凝土那样用很多
的材料,所以总体上说不会像钢筋混凝土结构那么重。

水泥凝固时会引起混凝土的收缩,因此容易产生裂缝;而当地震或台
风作用到结构上时,结构不能柔软变形也会产生裂缝。水容易顺着这
些裂缝渗入到内部的钢筋处,引起钢筋锈蚀,从而导致混凝土破坏。

还有令人想象不到的是,混凝土有良好的导热性能,因此,太阳
的光热也容易导入混凝土结构的室内。相反地,室内的热量也容
易逸散到室外。因此,这种结构形式需要设置隔热层。

另外,钢筋混凝土结构如果做成平屋顶,尽管对于平屋顶会有更
详尽的建造方法,但与斜屋顶相比,还是容易产生漏水现象。

Q　钢筋混凝土结构的优点有哪些呢？
　　▼

A　耐火性能好、抗震性能好、抗腐蚀性能好以及抗破坏性能好等。

　　我们也称钢筋混凝土结构是由钢筋补强过的人工石结构。也可以说，这种结构不易燃、不易破坏、不易腐蚀和隔声效果好。一言以概之，这是一种很结实的结构形式。

　　军事设施和原子能发电设施都是用钢筋混凝土结构，另外，木结构的基础也用钢筋混凝土结构，这是因为钢筋混凝土在土壤中不易腐蚀，而且其承重的强度也足够。

Q 钢筋混凝土结构的大致施工顺序是什么？
▼

A 钢筋混凝土结构大致按以下顺序施工：
　① 制作浇筑混凝土用的模板。
　② 在模板中绑扎钢筋。
　③ 将预搅拌的流动混凝土浇筑到模板内。
　④ 等待混凝土凝固。
　⑤ 待混凝土凝固后，拆除模板。

承接所浇筑的混凝土的器皿，我们称之为模板。模板是按成型后结构的形状制作的。一般情况下，支模板和绑扎钢筋同时进行。比方说墙体的制作，一般先支墙体的单边模板，然后再绑扎钢筋，最后再支模板的另一边。如果把模板全支好后再绑扎钢筋，那么施工起来就比较困难。模板是为了让混凝土成型而使用的，一般使用易加工的合板材料，但对于大体形结构，也会使用钢板做模板。

将水泥、砾石、砂子和水混合后生成的预搅拌混凝土，只需要凝固1天，人就可以在其上行走；若使其凝固4周，就能得到所需的混凝土强度。我们称4周后的混凝土强度为4周强度（28天强度），是用来衡量混凝土强度的一个标准。

Q 　混凝土（concrete）搅拌（mixer）车上的大鼓桶（drum），为什么一直不停地在转呢？

▼

A 　为使砾石等材料不要与水泥分离，另外为使预搅拌混凝土不要硬化，才不停地在搅拌运转的。

　　mixer是由有混合之意的mix而来的，我们也称其为agitater truck。其中的agitate具有搅动之意。另外，drum原意是指鼓状物，如drum缸是指大鼓状的缸。mixer车上的drum就是指车上大鼓状的、用来放置预搅拌混凝土的搅拌筒。

　　预搅拌混凝土是在混凝土工厂配合好的混凝土，在被运送到工地并浇筑前，必须好好搅拌。另外，也不能使其硬化。砂子沉淀或部分硬化的混凝土都不能用于结构浇筑。

　　因此，搅拌车上的大鼓桶要不停地转动，桶内有搅拌叶片（blade），用此搅拌叶片不停地搅动混凝土。到达工地后，大鼓桶要反方向运转，这样搅拌叶片就会把混凝土输送到上部并从出口运出了。

　　虽然由这样的搅拌车运送混凝土，但也是有时间限制的。从混凝土配比搅拌完毕后到混凝土的现场浇筑，根据温度不同大致规定在1.5 ~ 2个小时之内。若时间太长，有可能产生硬化现象。

咕噜咕噜

原来在搅拌着呀

里面有叶片

Q 用混凝土搅拌车运来的混凝土，在现场怎样浇筑呢？
▼

A 一般是用混凝土泵车将混凝土输送到模板处的。

◆ 混凝土泵车上的升降臂可以伸到上部，把预搅拌混凝土简单地压出来。

浇筑少量混凝土时，也可以用称之为"猫车"的独轮车，用人力运送。

用混凝土泵车将混凝土压出搅拌车时，为了更容易压出，会用加水的方法。但除非是在施工现场配制的混凝土，否则绝对不能加水。混凝土中水的配合比增加的话，混凝土的强度会降低，耐久性也会降低。

混凝土泵车

猫车

Q 模板是用合板和什么制作的？
　　　▼

A 支撑。

预搅拌混凝土的单位体积的重量约2.3吨，是水的两倍，所以非常重。因此，仅用合板的话，当混凝土从上而下浇筑时，很容易损坏合板。

为使合板不致破坏，要用管状或角状材料支撑合板。这些管状和角状材料起到支撑的作用，故称为支撑材料。

组装支撑还需要各种各样的金属部件。不过，先记住"模板＝合板＋支撑"吧。

Q 清水混凝土是什么意思?
▼

A 混凝土拆模后不刷涂料也不贴墙砖，即不进行任何装饰的混凝土结构。

清水混凝土是浇筑混凝土后拆模，不进行任何装饰的意思。

清水混凝土是建筑师喜爱的一种方法。尽管建筑轮廓是很鲜明的，但有易脏、隔热性差及耐久性差的缺陷。从舒适性和耐久性方面来看，最好不要选择这种方法。

笔者参观了很多清水混凝土结构，总的来说，随着时间增加，这种结构也易受损伤。勒·柯布西耶设计的昌迪加尔建筑群体上伤痕累累；路易斯·康设计的清水混凝土建筑群在所见到的这种类型的结构形式的建筑中算是保护好的。由于施工状况和精度的不同对这种结构形式的影响很大，所以清水混凝土结构对模板工程、钢筋工程以及混凝土工程的要求更严格一些。

① 浇筑混凝土

② 只是拆模而已

浇筑后拆完模就没事啦

Q 防水剂是什么?
▼

A 是添加了硅质材料的用于脱水的透明液体,多用来涂到清水混凝土的表面。

混凝土本身有防水性,但还是会有一部分水分会渗入混凝土内部。
涂上防水剂后,不仅水分能弹出墙面,灰尘和细菌还不容易附在墙面上,因而混凝土的耐久性也能提高。
通常防水剂在墙体表面并不形成膜,防水剂的大部分渗入墙内而发挥防水效果。如果墙体表面形成膜,会给人由于湿润而产生光线反射的感觉,也会失去清水混凝土的独特质感。
防水剂的功效只能维持5 ~ 10年,因此需要定期涂刷。另外,含有硅质材料的防水剂,通常无法在其表面上再次涂刷,所以需要事先调查以前涂刷过的防水剂的成分。

Q 预制混凝土是怎么回事呢?

A 是指不是在施工现场,而是事先在工厂制作的混凝土。

pre用作"事先"、"之前"之意词语的前缀。cast是指放入模型中制作,并有铸造之意。precast是指事先放入模型中制作,precast concrete就是指事先放入模型中制作的混凝土。通常将precast略称为PC。

混凝土一般是在现场制作模板,然后将预搅拌混凝土(凝固前的混凝土)浇筑到模板中的;而预制混凝土是事先在工厂里制作好的混凝土。与现场浇筑混凝土相比,预制混凝土易于管理,即使是墙板也可以平放到地面制作,因此能做出更值得信赖的产品。

预制混凝土有板状形式的墙板和楼板构件(PC板),也有梁状形式的构件(PC梁)等结构构件形式。预制混凝土板可以像扑克牌那样用来组装成住宅结构。

像预制(precast)一样,预应力(prestressed)、预制装配(prefabrication)等词汇也经常在建筑用语中出现。预应力是指事先将力施加到混凝土中,而预制装配是指事先制作好构件待用。

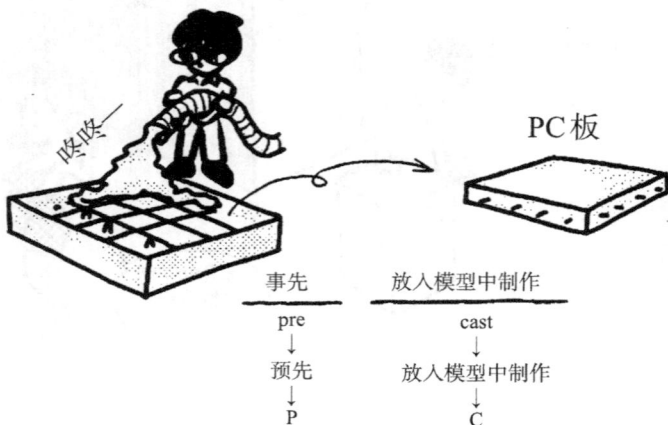

PC板

事先	放入模型中制作
↓	↓
pre	cast
↓	↓
预先	放入模型中制作
↓	↓
P	C

Q 混凝土的成分是什么?

   ▼

A 砾石和砂浆。

■ 砂浆是由水泥、砂子和水组成的。混凝土是由砂浆将砾石黏结并凝固到一起的人工石。

砾石的大小像我们的小手指端部,砂子就是我们通常在沙滩上见到的砂子的大小,而水泥是粉末状的。水泥和砂子及水混合起来就是砂浆。也有只使用砂浆的情况,如铺设入口门厅地面时会只用砂浆。

砾石

水泥+水 ⎱
       ⎰ 砂浆
砂子 ⎰ （黏结材料）

用砂浆将砾石黏结到一起,凝固后就是混凝土哟

混凝土

Q　水泥的原材料是什么?

▼

A　石灰石。

石灰石和黏土混合后煅烧，然后加入石膏就制成水泥了。

日本盛产石灰石，尤其在东京近郊，秩父地区的武甲山是盛产石灰石的名山。武甲山山顶的一半是悬崖绝壁，那是由于多年来一直开采石灰石所形成的。直至今日，每天山上的爆破声音仍旧连绵不断。到武甲山的五合目附近，水泥工厂一个接一个，大量的卡车也出出进进的。

石灰石是由珊瑚和贝壳等物质堆积后又被压碎形成的沉积岩，碳酸钙是其主要成分，不仅用于水泥，炼铁也要用到，所以是日本的近代化发展进程中不可缺少的原材料。看着被切割掉的武甲山，就像看到日本近代化发展历史的负面遗产一样。

秩父地区的武甲山

被切割了的山头

水泥的原材料是石灰石

轰隆隆

爆破声

Q 波特兰（Portland）水泥是怎么回事?

A 通常用在建筑工程中的水泥。

凝固后水泥的质感很像英国波特兰岛（Isle of Portland）出产的石灰石的样子，由此得名波特兰水泥。波特兰水泥也就是我们通常所说的普通水泥。

除波特兰水泥以外，还有掺加了高炉矿渣的高炉水泥、掺加硅质材料的硅酸盐水泥、掺加粉煤灰的粉煤灰水泥等。这些水泥都是在波特兰水泥的基础上添加不同物质后生成的水泥。

首先记住波特兰水泥就是普通水泥这个概念吧。

样子像波特兰岛上的石灰石，所以才叫波特兰水泥的。

Isle of Portland

Q 混凝土是酸性的还是碱性的?

▼

A 碱性的。

在水泥的主要成分氧化钙（CaO）里加上水而变成氢氧化钙（$Ca(OH)_2$），属碱性物质。这是因为水化氧化钙中的氢氧化物离子（OH）具有碱性性质。

武甲山

很有耐心地向前走

我们是坐出租车到登山口的呀!

$$CaO + 水 \Rightarrow Ca(OH)_2$$

水泥的主要成分   碱性

Q 公路和停车场路面使用的沥青跟混凝土是一回事吗？

A 不是一回事。

沥青是从原油中提炼出来的。在沥青中加入砾石和砂等骨料后，就可以用来铺路了。

我们称在沥青中加入砾石和砂等骨料的材料为沥青混凝土，但此沥青混凝土与以水泥为原材料的混凝土是绝对不一样的。

从原油中提取出汽油、煤油、轻油以及重油后的残余渣滓就是沥青。所以，我们是利用原油渣滓来铺设道路路面的。但是，最近已经能通过调整各种配比而制成品质优良的沥青，并用来铺设路面了。

沥青是油，所以有防水性能，因此也经常用来制作防水材料。另外，与由水泥为原料制成的混凝土相比有强度低、遇热变软的缺陷。如果铺设路面时沥青太薄，地下的杂草有破沥青面而出的可能。

Q　混凝土中的砾石和砂有什么作用?

▼

A　像骨架一样，所以称之为"骨料"。

砾石是较粗的材料，故称之为粗骨料。而砂是较细的材料，故称之为细骨料。

　　　砾石→粗骨料

　　　砂→细骨料

将这些骨料混合到水泥中凝固后就是混凝土了。如果只用砂是不能制成混凝土的。"混入小粒径的石子＝砾石"才是制作混凝土的重点。将大量的小粒径石子（砾石）用砂浆（水泥＋砂＋水＝砂浆）黏结并凝固的物质就是混凝土。

一般而言，砾石约占混凝土体积的40%、砂约占30%，也就是说，骨料约占混凝土的70%。

　　　砾石（粗骨料）→40%

　　　砂（细骨料）→30%

砾石（粗骨料）⎤
　　　　　　　⎬骨料
砂（细骨料）　⎦

砾石和砂成为骨架

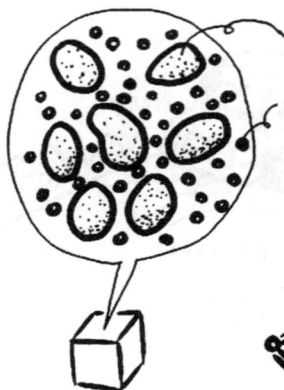

混凝土（人工石）

Q 水泥中加水会怎样？

▼

A 会变硬。

水泥和水的化学反应会使材料变得像石头一样坚硬。我们称水泥＋水为水泥浆（Cement paste）。paste意为糨糊，所以我们就直译为水泥浆了。砂浆作为一种黏结材料经常用于建筑结构中，其黏结作用的关键就是水泥浆。

水泥浆里添加砂子就是砂浆，而砂浆里再添加砾石就是混凝土。混凝土或砂浆凝固是由水泥的性质决定的。

水泥
＋水
——水泥浆
＋砂
——砂浆
＋砾石
——混凝土

遇水产生的化学反应，我们称之为水化反应；而遇水变硬的水泥性质，我们称之为水硬性。与水"合"在一起能水化，另外，遇水会"硬化"，这些名词都出自字面原意。

Q　1　水泥＋水 ＝?

　　2　水泥＋水＋砂 ＝?

　　3　水泥＋水＋砂＋砾石 ＝?

▼

A　1　水泥浆

　　2　砂浆

　　3　混凝土

有几个不同的名词，我们在这里再复习一遍！在作为黏结材料使用的水泥浆里添加被称为骨料的砂或砾石，就变成砂浆或混凝土了。这些都与水泥和水发生反应后凝固的特性有关。

另外，凝固前的混凝土，我们称之为预搅拌混凝土。

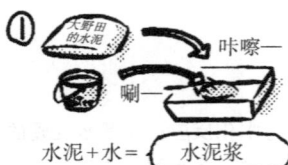

水泥＋水 ＝ 水泥浆

（水泥＋水）＋砂 ＝ 砂浆

（水泥＋水＋砂）＋砾石 ＝ 混凝土

Q 水灰比是什么？

▼

A 水泥浆中的水与水泥的重量之比。

公式是：水灰比＝水的重量/水泥重量。因为是水灰比，所以请记住是"水÷水泥"的关系。

混凝土的抗压强度基本是由水灰比决定的。水过多会降低强度，水减少会提高强度。

　　水灰比→强度指标

但是，如果水过少，会使预搅拌混凝土的流动性变差，造成施工困难（和易性差）。因此，需要在保证正常施工的条件下尽可能不减少用水量。

另外，当出现因用水过少而不易流动的现象时，也可添加通过产生气泡而改善流动性的AE材料来增加流动性。通过添加AE材料，既能增加混凝土的流动性，同时也可限制用水量，也就是说，可以制作出水灰比较小的混凝土。

根据混凝土的种类，水灰比可以有65%以下和60%以下等。

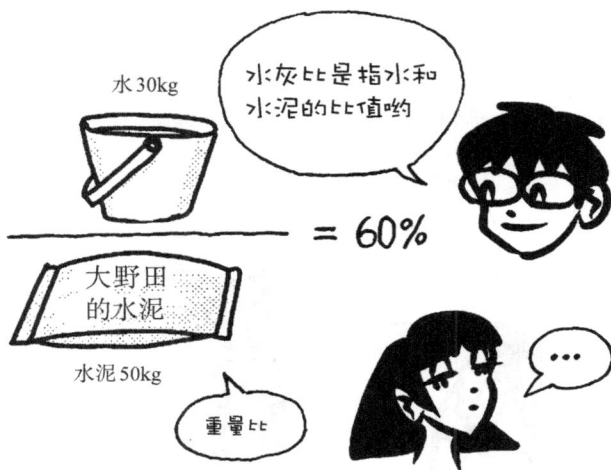

水 30kg

水灰比是指水和水泥的比值哟

= 60%

大野田
的水泥

水泥 50kg

重量比

…

Q 什么是坍落度?

▼

A 在被称为坍落度筒的锥形铁桶里注入混凝土，然后把桶拔出，看混凝土跌落程度的一个指标。

坍落度筒是一个高30cm、底面直径10cm的圆锥形（cone）容器，而坍落（slump）意为突然落下。坍落度筒就是为测量混凝土突然落下的程度而用的圆锥形桶。坍落度筒的上部有能将混凝土注入的开口。混凝土注入后，要用铁棒将混凝土捣实。

将圆锥桶拔起时，像山一样的混凝土，在其高度上会比圆锥桶的高度低且向外扩展坍落。通过测量坍落的高度就能知道混凝土的柔软程度。比30cm的桶高降低了多少就是坍落度。所以，坍落度就是指从30cm的桶高向坍落后的混凝土"山"量出的距离尺寸。

通过坍落度可以看出混凝土的柔软程度。混凝土柔软即易于施工，也就是和易性好。

坍落度→施工性能指标：大则表明柔软（和易性好）、易于施工
水灰比→强度指标：小则表明用水少、强度高

坍落度和水灰比是混凝土的两大指标，请一定牢记。坍落度一般在18cm左右，而水灰比在60%左右。

用来描述混凝土"山"坍落高度的指标，我们称之为坍落度，而用来描述混凝土"山"向外的扩展程度的指标，我们称之为坍落面。坍落面测量的是混凝土"山"的最大直径。

到底沉下去多少呢，就用坍落度

咔
嚓一

坍落度

Q 建筑物的结构部分、骨架部分怎样表述?

▼

A 主要承重构件。

建筑的主要承重构件是指柱、梁、楼板和墙等的结构构件,也称之为结构的主要承重构件。

主要承重构件在钢结构(S结构)、木结构(W结构)中也同样适用。

尽管钢筋混凝土框架结构中的墙体仅承受其本身自重,但在工地上也习惯称之为承重构件。钢筋混凝土结构除设备和表面装修以外,习惯上把混凝土部分称为主要承重构件。可以说,坚硬的构件都是承重构件吧。

Q　混凝土的厚度就是墙体或楼板的厚度吗？
▼

A　不是。

因为墙体还有抹灰和装修，所以它的厚度比混凝土的厚度大许多。石膏板等材料是在离开混凝土表面一段空隙处粘贴的，石膏板上面再贴乙烯布等材料。因此，从混凝土表面到墙体表面有4～5cm的距离。

如果是外墙，因为要在墙的外侧贴墙砖或石材，还要在墙的内侧或外侧贴上隔热材料，所以比内墙要更厚一些。

吊顶是从楼板的混凝土表面向下吊起石膏板等材料，再在其上贴乙烯布等材料形成的。另外，地板也是从混凝土表面向上支起来的。所以，如果把从吊顶表面到混凝土楼板底面的距离计算在内的话，那么楼板的厚度就要大许多了。

尽管有混凝土拆模后直接使用的清水混凝土建筑，也有一些只在混凝土表面抹灰而完成的建筑，但一般建筑的墙体，会在与混凝土浇筑面间稍稍留一点空隙再贴装饰墙砖等材料。一个边长为80cm的混凝土柱，粘贴完装饰材料后边长会变成90cm或100cm。

混凝土的外侧也加装饰材料哟！

吊顶装饰

墙体装饰

所以墙体要厚好多哟！

地板装饰

Q 钢筋混凝土框架结构的墙体、楼板的厚度大约是多少呢？

▼

A 大约15cm（20cm）。

不管是墙体还是楼板，混凝土的厚度大概为15cm左右。

剪力墙结构的墙厚会增加到18cm或20cm。另外，也会仅将外墙的墙厚再增加2～3cm。

楼板比较厚的话，上面楼层的振动或声音就不易穿透到下层，因此，一些高档住宅把楼板厚度做到30cm甚至40cm。

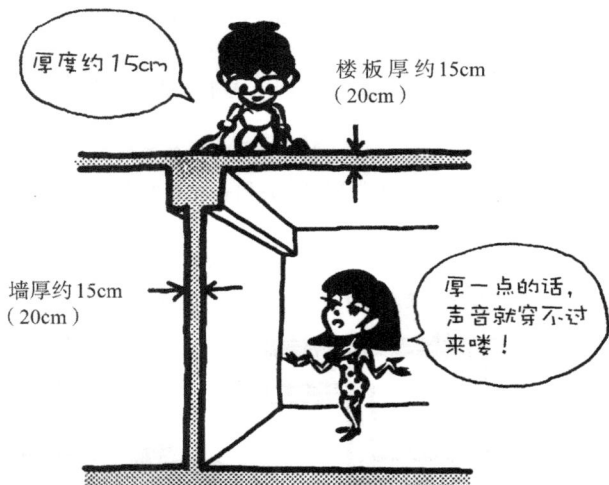

厚度约15cm

楼板厚约15cm（20cm）

墙厚约15cm（20cm）

厚一点的话，声音就穿不过来喽！

Q 钢筋混凝土承重构件用什么符号表示在图纸上呢?

A 用3根45°的斜线表示。

在比例尺为1/50、1/30和1/20的图纸上,为了将承重构件和装饰构件的材料区别开,应该用能区别开承重构件的符号来表示。钢筋混凝土承重构件用3根45°的斜线表示。

斜线之间的距离适度即可。也就是说,只要能把承重构件表示清楚就行了。为了能清楚地表示承重构件,有时也会使用网点画法。在CAD非常普及的今天,能更方便地绘制更容易看懂的图纸。

像ALC板那样的轻质墙板,是用2根45°斜线表示的。即使是钢筋混凝土结构,其隔墙也有用ALC板的,所以需要注意,这时是用2根而不是3根斜线了。

ALC是指蒸压轻质加气混凝土,是轻量混凝土板,常用于低造价的钢结构建筑。

在比例尺为1/5和1/2左右的图纸中,如果仍然只用3根斜线表示的话,就会显得图纸有些粗糙,这时在混凝土构件的截面上要画出砾石的形状。

钢筋混凝土承重构件

3根45°斜线哟!

装饰材料或隔热材料

Q　框架结构（桌子）的4根柱所围起来的空间有多大？

▼

A　大概$7m \times 7m=49m^2$左右。

我们称柱和柱之间的间隔为跨度（span），一般柱的跨度为7m左右，支撑$7m \times 7m$即约$50m^2$的楼板是比较经济的。

并非一定要$7m \times 7m$的正方形，也可以是$5m \times 10m$等的长方形。也就是说，只要能做成桌子的样子就行。3LDK大小的商品房住宅，一般一个房间用4根柱支撑着。

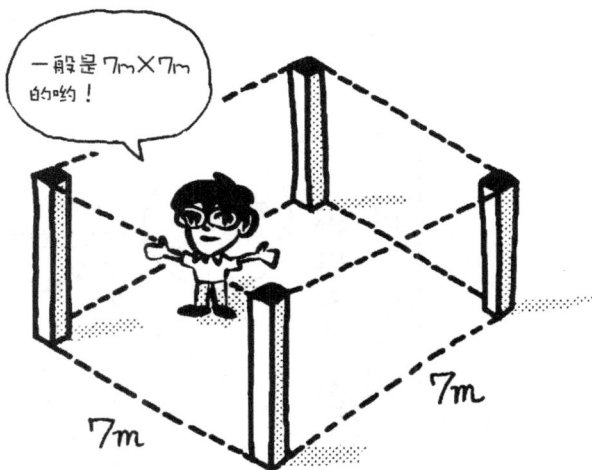

一般是7m×7m的哟！

7m

7m

Q 每一层框架柱的粗细都一样吗？

▼

A 不一样。一般越往上柱越细。

柱的粗细一般是跨度的1/10。如果为跨度7m，那么柱边长（直径）就是70cm（700mm）。

底层柱的截面边长如果为700mm，那么一般二层为650mm，而三层为600mm。越在上层的柱，其受力越小。由于越往上柱越细，所以一般情况下柱的中心线（轴心）就不能重合。对于外墙，一般每层墙体的中心重合，而柱的中心不重合。建筑上是以各层墙体为中心布置柱的。若将上下层柱的轴心重合布置，那么外墙会层层向内移动，各层的楼面积就不一样了。柱轴心不重合的主要原因是为了将墙体在垂直方向上布置在相同位置。

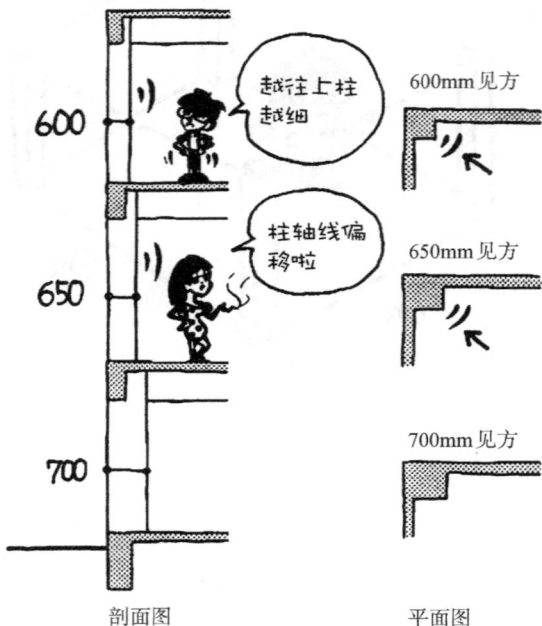

越往上柱越细

柱轴线偏移啦

600mm 见方

650mm 见方

700mm 见方

剖面图　　　　　　　　平面图

Q 钢筋混凝土框架结构的梁高是柱距（跨度）的几分之一？

▼

A 大约1/10。

梁高是建筑设计中的一个重要数值。框架结构的梁高大约是跨度的1/10，请一定记住这个1/10。

7m跨度的梁，一般其梁高为7m×1/10=70cm。

梁高是指从梁底边到楼板顶面的距离。RC结构的梁是和楼板成一体的，因此，梁高是指到楼板顶面的距离。

梁高约为跨度的1/10，但即使同样的跨度，越往下层梁高会越大。

梁在基础（基础梁）处为最高，即使在二层或三层也有梁高达到1.5～2m的情况。

柱直径（边长）也是跨度的1/10左右。7m跨度的话，柱直径约为70cm。对柱而言，也有越往下柱径越大的倾向。

钢框架结构（S结构）的梁高能比RC框架结构的小一些，一般可做到1/12～1/15。

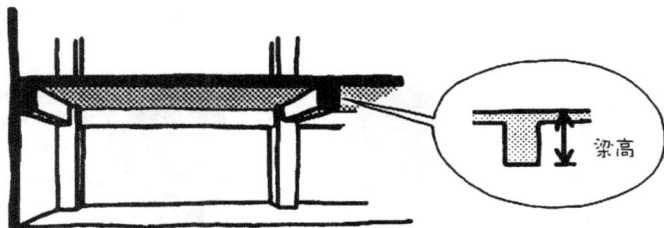

梁高约为跨度的1/10

Q 瘦高的梁截面和矮胖的梁截面，哪种更好？

▼

A 瘦高的更好。

梁是从其顶面受力的，所以受到的是使梁弯曲的力。瘦高形截面能更好地对抗这种外力。

如果弯曲一下塑料尺或细长棒的话马上就能理解这个道理了。将塑料尺的薄面向上用力弯曲，会发现很难弄弯，但如果把薄面侧放再同样用力弯曲，就很容易弄弯。

梁是承受楼板荷载的，所以受力是向下的，但柱对梁的作用力是向上的。正确的表述应该是：梁中央部分受到方向向下的使梁弯曲的荷载，而在柱附近则受到使梁向上弯曲的荷载。为了对抗这样的荷载作用，瘦高形的梁更有利。

即使是木结构的梁，也是用瘦高形的。钢结构的梁一般用"H"形钢，但是会将"H"横放用以抵抗弯矩。这种情况下也是瘦高形更有利。

梁截面一般用瘦高形的，但如果在吊顶处无法放置设备管道的地方，也用矮胖形的梁，这时需要加大梁的截面面积。

瘦高形的不易弯曲

但矮胖形的很简单哟

一般的梁

特殊的梁

Q 钢筋混凝土框架结构梁的宽度是梁高的几分之几?

▼

A 大约是 1/2 ~ 2/3。

梁截面是正方形的情况很少见，一般为瘦高形的，而梁宽一般是梁高的 1/2 ~ 2/3 左右。

若梁高为70cm，则梁宽为35 ~ 40cm。尽管梁截面尺寸最终按计算确定，但一般可以记忆为"梁宽是梁高的一半左右"。

把梁设计成瘦高形的是因为对结构有利，此原则对钢结构的梁和木结构的梁也适用。好好观察一下裸露在外的木结构梁，就会发现其截面不是横向的长方形，而是竖向的长方形。这是因为梁抵抗弯矩作用时，竖向的长方形更有利而已。

设置在最下面的基础梁比其他的梁更瘦高，也就是说梁的高宽比更大了。

$$b \approx \frac{1}{2}h$$

$$\left(\frac{2}{3}h\right)$$

梁是瘦高形的

Q 墙体结构（纸箱），其箱底的各边有多长？

A 5m×6m=30m² 左右，是比较经济的尺寸。

墙体结构主要用于住宅，一般两个房间大小的空间用一个箱子的情况比较多见。这样的几个箱子并排布置起来就变成巨大建筑了。

墙体结构（纸箱）用于比框架结构（桌子）更小规模的建筑结构中。造价低是墙体结构最大的优势。

框架结构（桌子）→7m × 7m ≈ 50m² 左右为经济跨度

墙体结构（纸箱）→5m × 6m = 30m² 左右为经济跨度

一般都是 5m × 6m = 30m² 哟！

6m

5m

Q　大梁和小梁有什么区别?
　　▼

A　大梁是指架在柱上的梁,而小梁是指架在梁上的梁。

　　大梁是用来连接柱的。仍以桌子为例,大梁是指连接桌腿和桌腿的横撑。桌腿和横撑之间的角度要保持为直角,才能防止桌子倒塌,另外也是为了将桌面荷载传递到桌腿上。小梁是架在大梁和大梁之间的。由于柱之间的距离过大,楼板容易弯曲变形,而且振动也更容易传到下层,所以,其间加入小梁。小梁能加强楼板,更好地固定大梁,从而使桌子更稳定。
　　大梁称为主梁,小梁称为次梁。英文中大梁用girder,而小梁用beam表示,因此,在结构图中我们用G表示大梁而用B表示小梁。顺便提一下,柱的英文是column,故多用C表示,而墙体的英文是wall,故多用W表示。设计图中是在G、B、C、W之后注上数字来表示,例如C1可以表示柱尺寸是 600×600,而C2可以表示柱尺寸是 500×500。

　　　大梁→G：Girder
　　　小梁→B：Beam
　　　柱→C：Column
　　　墙→W：Wall

架在梁与梁之间的是小梁

小梁

大梁

架在柱与柱之间的是大梁

Q 悬臂梁是什么?

A 是指从柱的一侧向外伸出的梁。

像树枝从树干向外挑出一样,悬臂梁是从柱上向外挑出的。普通的梁(大梁)是用来架在柱与柱之间的,悬臂梁则是从柱上凸出来的梁。

悬臂梁不仅用于阳台和外廊,也用于房间向柱外挑出的时候。建筑用地不整齐时可以用悬臂结构调整楼面的形状。另外,还用在一些不能用柱的大窗(横向长窗或全玻璃窗)上。

为确保悬臂梁不会由于长期载重而导致向下垂落,其内部钢筋要很好地固定(不能拔出)到柱中或其根部的梁中。特别需要注意的是,若悬臂梁的上部钢筋被拔出,则梁立刻被折断。

悬臂梁的英文是cantilever,因为它是从柱上挑出来的,所以也是大梁(girder),通常以CG符号表示。

在作为大梁使用的悬臂梁的挑出端,一般用如下图所示的小梁连接。楼板不重时可以不用小梁。另外,对于1m左右的小悬臂板,也可不用悬臂梁,而仅把板悬挑出来。25cm厚度的楼板就能悬挑。

跟树一样呀!

这就是悬臂梁呀!

小梁

悬臂梁

Q 若用悬臂结构的话，为什么说可以实现横向长窗或全玻璃窗的设计呢？

▼

A 如下图所示的结构，外墙面是从柱向外挑出的，而柱子则设在不影响外观的地方。因此，实现了柱不影响窗的连续性设计。

即使是房间角落，也可以做成玻璃的。房间角落设计成窗户，则增加了整个房间的开阔感。为了实现房间角落连续窗，就需要用到悬臂结构。若房间角落有柱，则玻璃无法连续设置。

下图左侧所示的窗户被柱子隔断了，从而不能横向连续布置，因此只能布置成貌似在墙上开了很多个小孔的窗。

横向很开阔地伸展、用水平线强调的横向长窗（横向连续窗），是近代建筑设计的一大特色，是最早由勒·柯布西耶提出，并在萨伏伊别墅（1929年）前面悬挑的窗上实现的。萨伏伊别墅前面的窗是从柱上悬挑出1.25m的横向连续窗，而建筑侧面因没有悬挑，所以窗户被柱子断开设置。横向长窗设计是勒·柯布西耶所倡导的近代建筑五大设计原则之一。

在房间角部也使用大玻璃，是在瓦尔特·格罗皮乌斯设计的包豪斯建筑中实现的。柱钢筋从柱两侧伸出承载，外墙全部用透明玻璃，即使是房间角部也用玻璃，实现了透明空间的设计。

实现了不被柱子遮挡的窗户设计

悬挑

柱子把窗户断开啦

房间角部也可用玻璃啦

横向长窗或全玻璃设计是可以实现的！

Q 梁不在柱中心与其连接，而偏向一端连接也可以吗？

▼

A 可以。

通常梁是连到柱中心的，这样的连接方式会使结构更稳定是千真万确的。但是，为了建筑设计的需要，很多情况下会把梁靠一边布置。如果钢筋能很好地固定，而梁又能收到柱的端部，那么，可以将梁的中心偏移柱中心设置。

有外墙时，常将柱和梁的外面对齐布置在同一个面上。这样做，外墙、柱和梁就都能在同一竖向平面上。若梁布置在柱中心，由于梁宽小，所以外墙和梁之间会有间隙。在此小间隙上浇筑混凝土的话，制作模板很费力，而且制作的意义也不大。因此，梁靠着外墙边搁置。

沿着外墙边搁置的方法，不仅梁可以这样做，墙壁也可以如法设置。柱子外边也可以与墙外边对齐砌筑。若将墙也移到柱中心，则柱和梁都露在墙外，而梁顶部也易于积灰，当被雨水冲刷时易残留污垢。

一级建筑师试题里，会把墙放到柱中心，这是为了方便计算面积。但是，实际设计中，一般是考虑柱的形状而调整墙体的位置，从而将外墙墙面和柱外面设置在同一竖向平面上。

但通常在住宅设计中，对有阳台和外廊的柱，会将柱内面与外墙一面重合布置。这样做的目的是使房间设计不受柱子影响，看起来更整齐。

偏离中心布置

梁

柱

布置在中心

梁

沿着外墙布置梁的话，看起来更整体呀！

一般是布置在正中间哟！

Q 什么是"T"形梁呢?

▼

A 钢筋混凝土结构的梁和楼板是浇筑到一体的,所以结构计算上是按"T"形梁考虑的。

钢筋混凝土结构的梁顶面就是楼板的顶面,而楼板的钢筋被很结实地固定在梁里。也就是说,梁和楼板在结构上是一体的。

因为梁和楼板是一体的,所以,与其说梁是长方形的,不如说考虑楼板的影响,梁的形状发生变化了,即变成"T"形更接近实际一些。

将梁按"T"形截面考虑进行计算时,楼板影响的范围有标准计算公式。另外,只有楼板受压时,梁才按"T"形截面考虑;在受拉时,就不考虑楼板的影响而按长方形截面进行计算了。

边跨上的梁,因为只有一侧有楼板,所以前述的"T"形梁截面就变为倒"L"形了,而且只有楼板受压时才按倒"L"形梁计算。

原来是楼板和梁成一体的缘故呀

"T"形梁

只有受压时才有效的!

Q 什么是反梁?

A 将梁设置在楼板上方的方法。

一般情况下，将梁设置在楼板的下面。即使是桌子，其横撑也是设在桌面下面的。如果把横撑放到桌面的上部，横撑会碍事。因为是用来负重的，所以作补强用的横撑还是布置在桌面下面更合理。

重量是从上面传下来的，所以梁设置在楼板的下面更普遍。反梁犹如在桌面板的上方设置横撑把它吊起补强。

下图中，若将一张厚纸的一边向下折叠补强，即为我们通常使用的梁；但若向上折叠补强，则变为反梁。不管是框架结构还是墙体结构，都可以设置反梁。可以在结构的一部分使用反梁，也可以在全结构使用反梁。

普通梁上加吊顶，若要将梁全部隐蔽起来，则需要吊顶较高；而如果使用反梁，则楼板下方的空间就更大了。商品住宅等建筑，楼板下面可以作收藏用空间，或用作管道空间。

吊顶不能把普通梁全部隐蔽起来，以致梁的一部分暴露在外面的情况到处可见，尤其在住宅等建筑中，经常能看到外露的梁，这是因为设计层高在被减小的同时仍然需要保证足够的净空而造成的。但这种把梁裸露在外的做法却不会用在反梁上，这是因为只有在层高游刃有余的情况下才能使用反梁。

用作地面的地板，它所承受的荷载来自下面，所以可以在板上面设置梁，这也可以说是一种反梁。

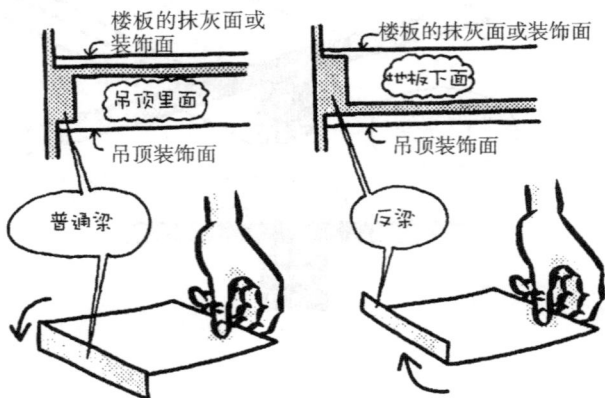

楼板的抹灰面或装饰面

吊顶里面

吊顶装饰面

普通梁

楼板的抹灰面或装饰面

地板下面

吊顶装饰面

反梁

Q　什么是加腋?

　▼

A　是指加大梁或板端部的尺寸。

加腋的英文是haunch，用到建筑上是指被扩大了的端部，如下图
所示，一般用斜面加大。

除下图所示的在高度上加大尺寸的竖向加腋以外，还有水平方向
加大尺寸的水平加腋，两者都是为提高结构构件的强度而设置的。
还有一种将楼板与梁结合处加大尺寸的加腋。除了斜面加腋以外，
还有做成阶梯状的下落式加腋。楼板的端部有受力大的倾向，所
以会在此处加厚补强。

梁或板的加腋，一般都用在跨度较大的构件中。另外，支撑地面
地板的梁等，也在受荷较大处加腋使用。

加腋

将端部尺寸
加大的就是
加腋喽

Q　什么是剪力墙？
　▼

A　为抵抗地震作用而设置在框架结构中的墙体。

框架结构中的柱和梁要求保持直角关系。为了加强框架结构，将剪力墙布置在一些重要位置。

柱和柱之间由梁架设，并在全跨设置剪力墙。剪力墙上不能开大洞口，仅开较小的窗户。布置剪力墙的要点是要考虑均衡设置，若剪力墙偏心，则地震发生时建筑会发生扭转现象。

底层为架空柱的大空间结构店铺，而上层为住宅的结构，因上层墙体较多而坚实，只有底层较柔软，因此在底层有必要加剪力墙加固。

住宅建筑中各住户之间的墙，一般从上到下各层都是贯通的，而且这些墙体按剪力墙结构进行计算。按剪力墙进行设计的墙体，建成之后不允许为了把房间变大而打通墙体。

承重墙是指墙体结构中承受荷载的墙体。尽管承重墙也承受地震作用，但一般与框架结构中的剪力墙区分称呼。

　　剪力墙：为加强框架结构而设置的墙体

　　承重墙：墙体结构中承受荷载的墙体

也可以将两者混用。

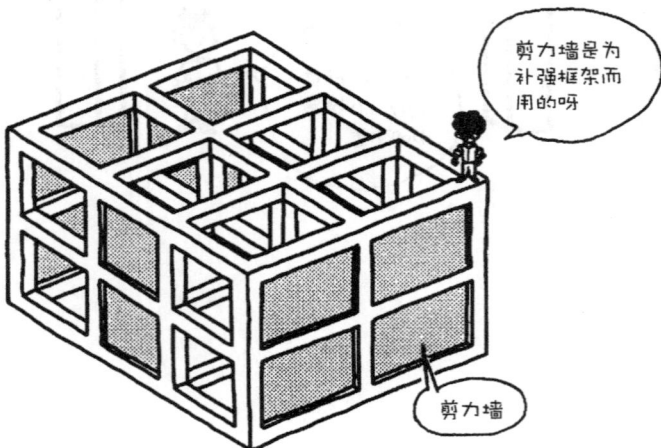

剪力墙是为补强框架而用的呀

剪力墙

Q 刚度是什么?
▼

A 是抵抗变形的程度之意。表示不易变形程度、坚硬程度。

建筑结构中经常用面刚度这个词语。面刚度是指为了不变为平行四边形、不被折弯,物体抵抗变形的性质。剪力墙利用墙体把由柱和梁组成的面固定起来一起抵抗变形,由于有剪力墙的存在,所以面刚度增大了。尽管框架结构中的柱和梁组成的面也有面刚度,但加了墙体后会进一步加强面刚度。

面刚度一词在木结构和钢结构中也使用,如在墙上增加斜撑(brace)可以增加面刚度。木结构的楼板在地震等荷载作用下容易变形,所以采用按45°角加入角撑或在梁上增加合板等方法,以提高构件的面刚度。钢结构的楼板上也通过增加交叉斜撑来提高构件的面刚度。

如同记忆剪力墙和承重墙这样的专业词汇一样,请记住刚度和面刚度这样的词汇。

刚度 : 不易变形的程度

楼板的面刚度

墙体的面刚度

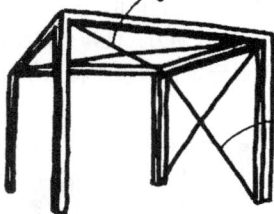

墙体和楼板的面刚度是个问题呀

Q 抗震、隔震、减震有什么不同?

A 抗震是能承受、抵抗地震作用之意，一般用墙体加强等方法共同承受其作用。隔震是隔断地震作用、避免地震作用之意，通过在基础上设置橡胶垫等方式实现。减震是指控制地震作用，通过将重物施加于地震作用相反方向等方法实现。

抗震＜隔震＜减震的顺序表述了从被动承受地震作用到利用机械方法积极抵抗地震作用的不同手段。地震作用原理很复杂，但对建筑物而言，主要考虑的问题是怎样抵抗水平方向的地震作用。

抗震结构是指通过前述的设置剪力墙的方式加强柱和梁的结合部以及通过加强柱的钢筋等方法提高结构的承载力，这种结构需要考虑的主要问题是如何使墙体更坚固。木结构和钢结构采用的是增加交叉斜撑（brace）而防止墙体变成平行四边形的补强方法。

隔震结构是通过以基础将地基和其上部结构隔断、绝缘（isolate）的方法，避免地震力直接作用到建筑物上。通常在绝缘部分设置隔震装置（isolator），此隔震装置是用橡胶垫或液压等做成的。仅靠隔震装置不足以减弱地震作用时，还使用阻尼器（damper）。阻尼器有很多形式，其中有用铁管做成螺旋形状的阻尼器。

减震是指用机械方式抵抗地震作用。若结构在某个方向受力，则在其受力的相反方向施加作用力，使两个相反方向的力互相抵消。

抗震结构一般用于普通建筑，隔震结构用于住宅等，而减震结构则用于高层建筑。

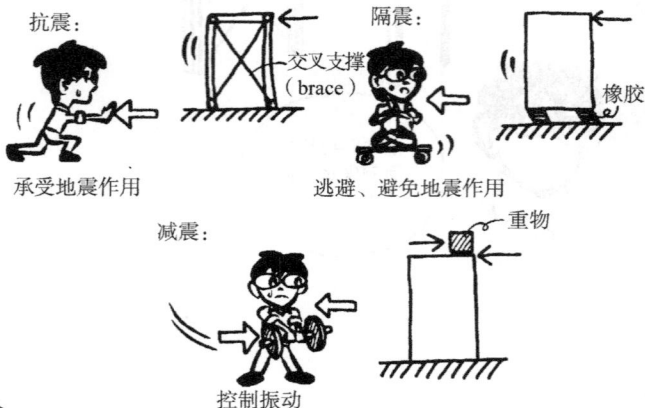

抗震:　　　　　　　　　　　　　隔震:

交叉支撑（brace）

橡胶

承受地震作用　　　　　　逃避、避免地震作用

减震:

重物

控制振动

Q 什么是腰墙（裙墙）？

▼

A 到腰那么高的墙。

如同文字中描述的一样是指腰那么高的墙。对RC墙而言，是指窗口以下的墙或阳台、外廊扶手部分的墙等。

房屋内部装修时会将腰部和腰部以上部分分开考虑，如腰部使用木板而其上则刷大白等。一般墙的腰部容易划伤或弄脏，所以腰部使用木板装修也是合情理的。此时会把木板以上的部分称为腰墙，而木板部分称为腰板。

也就是说，只要是与腰的高度相当的墙体，不管它是承重墙还是装饰部分，都称之为腰墙。

因为混凝土是从上而下浇筑的，所以窗下的腰墙部分不易浇筑混凝土。另外，腰墙和柱相连的位置，也是产生结构问题的地方，所以这些地方可以说是施工和结构设计的重要部分。

与腰的高度相当，所以叫腰墙呀。

腰墙

Q 什么是垂墙?
▼

A 就是从上面垂下来的墙。

垂墙也像前面讲过的腰墙一样,是容易发生结构问题的地方。下图中的垂墙和腰墙如果直接与柱相连的话,那么柱的中间部分就相对柔弱,而上部和下部因为有墙存在而更强壮。因为柱的中间比较柔弱,所以力会集中于此,中间比较柔弱的柱易产生破坏。我们称这种破坏形式为短柱破坏,是校舍建筑中所存在的主要问题。

与垂墙和腰墙相连的柱形同短柱,韧性不好。因此,一般采用在柱中增加箍筋或在柱和墙之间留出缝隙等方法,以防大震时墙体与柱分离而破坏。

但是,墙体并非都是使用钢筋混凝土的,也有用板材或玻璃做成的简单墙体,这些材料做成的墙体我们也称之为垂墙。还有室内装修而形成的垂墙,比如室内起火时,烟是先升到屋顶然后向下横向漂移,为了防止烟的横向漂移,有时会从吊顶向上做50cm的防烟垂墙。另外,为防止厨房等地方的烟雾飘向其他房间,也会做垂墙的。

强壮

柔弱

强壮

垂墙

腰墙

力会集中到
这里哟!

Q 什么是袖墙（侧墙）？

▼

A 像袖子一样，在柱两侧的部分墙体。

两根柱之间的整片墙体对抗震是有利的，但仅在柱边设置的部分袖墙却被视为非结构构件的墙体。非结构构件的墙体也称为非承重墙。腰墙、垂墙和袖墙都可以看作是非承重墙。

袖墙跟前述的"腰墙+垂墙＝短柱"相同，也对结构产生一定的影响。有袖墙的地方，柱子不易破坏。袖子是在衣服的两边的，所以一般相对于中心部位的物体，其两侧伸出的部分我们都用袖子表述，如舞台袖、袖柱、袖廊等。

袖墙

是指柱两边的小墙哟！

衣袖

Q 什么是伸缩缝（沉降缝、防震缝）呢？

A 将过长的建筑物分隔开，并根据建筑的振动、伸缩情况通过特别的方法将建筑连接到一起的缝隙。

伸缩缝是用英文expansion joint表示的。英文expansion是指膨胀，而joint是指接缝，所以，伸缩缝也可以从英文字面解释为即使膨胀也能使其自由膨胀的接缝。这与铁路轨道也留出一定缝隙的道理是相同的，即虽然是受热膨胀，线路也不会左右上下弯曲，而是从缝隙处自由膨胀。

水平方向过长的建筑在地震作用时会左右摇晃，由此造成不必要的灾害。将过长的建筑分得短一些，则会减小地震时的摇摆。缝隙的接合处将柱、梁和墙体都分开，而走廊等公共部分则用钢板或橡胶等连接。

学校和医院等综合建筑，其各个不同部分之间都设置伸缩缝。另外，"コ"字形或"L"形的大型综合住宅也使用伸缩缝将建筑分隔开。

伸缩缝

振动和伸缩都不同

过长的建筑物是需要伸缩缝的！

Q 什么是悬挑板呢?

A 从梁上或墙上向外挑出的无梁板。

一般情况下板向外挑出的话,需要有梁,如果没有梁而只是板向外挑出,那么板的下部会有危险。但是,对于外挑走廊或阳台、小遮阳板这样的外挑,可以不用梁而仅用板。这种挑出的无梁板,我们称之为悬挑板。

1m左右的外挑走廊或阳台板,其板厚在25cm左右即可悬挑。在悬挑板的挑出部分的最外端做出流水坡度,那么最外端的板厚可以小到20cm左右。

板的根部较厚而板的端部较薄的做法,不仅从结构上而且从雨水疏导上都是合理的。

遮阳板一般做成根部为18cm、端部为15cm左右的厚度。考虑流水坡度问题,把板根部稍微加厚的做法也能加强结构。

悬挑板的上下钢筋要非常可靠地锚固到梁里或墙里。钢筋的锚固是指将钢筋非常可靠地埋好,而悬挑构件的钢筋需要特别注意锚固问题。上部钢筋被拔出意味着板的根部被折断了。

Q 用什么方法在建筑物周围的地面上打设混凝土呢?

▼

A 从建筑物本身挑出悬挑板或仅在建筑物周围打设混凝土。

一般在建筑物周围的地面上铺设砾石或打设混凝土,通常称这个细长部分为"犬道"(建筑护坡)。"犬道"是为使建筑物本身不被雨水浸蚀、弄脏,使雨水更易向外流出,而且方便人们在雨天时进出建筑等各种原因而设置的。

犬道用混凝土打设时有两种方法,一种是采用前述的悬挑板,另外一种是仅在建筑物周围打设混凝土。

采用悬挑板的方法,即使地面有沉降,犬道也不会下沉,因为犬道是被固定在建筑物上的。钢筋混凝土结构的建筑一般都用桩基,所以很少会有沉降,即使周围的土向下沉,但由于犬道是从建筑本身挑出的,所以也不会发生沉降,可能只会在犬道与周围土层之间有一个落差而已。

如果是在建筑周围的土层上打设混凝土的话,我们称之为打素混凝土,这种方法就像早期民宅在地面上打设混凝土的方法一样。

在地面上打设素混凝土的话,如果土下沉,那么素混凝土也会随之下沉。如果建筑物本身和素混凝土连在一起的话,那么在其连接处会出现裂缝。为了防止产生裂缝,所以在素混凝土与建筑物之间留出2cm左右的缝隙,然后在缝隙里填充弹性物质,如沥青产品的密封材料等。这样可以保证不发生由素混凝土的沉降而引发的裂缝。

土壤不论怎样被夯实,都会因为重量而有所沉降。所以,在铺设犬道时需要引起重视。

用悬挑板做的建筑护坡

与建筑不相连的建筑护坡

Q 什么是华夫饼状板（Waffle Slab）？

A 即井字形楼板，是指带有格子状梁的楼板。

Waffle是一种饼干，因这种楼板形似Waffle饼干而得名。一般的梁有架设在柱之间的大梁（girder）和架设在梁之间的小梁（beam）两种，这两种梁仅设置在板的端部或中部。华夫板的梁是井字状的，并且梁与板成一体，所以我们也称之为井字形楼板。另外，为了加强楼面，还设置了一些被称为肋条（rib）的线形构件，故也称之为井字形密肋楼板。

楼板和梁成一体的井字形楼板能够表现出结构的美感，所以20世纪60～70年代经常应用。即使不用吊顶，也能够展现出RC结构承重构件的美感。井字的形状可以是正方形，也可以是45°角倾斜的正方形，还可以是正三角形等形式。

由于采用了将梁变小分散布置的形式，所以井字梁的梁高变小了，从而可以控制建筑层高。

但由于顶板裸露，所以在照明设计、空调管道（送风口）等线路设备上需要下些功夫。

据说华夫饼干的形状有火力分布均匀、口感佳、容易蘸奶油和蜂蜜等优点呢。

华夫板（井字形楼板）

像华夫饼干一样的楼板

Q void slab 是什么意思？

A 空心楼板，指楼板是中空的。

Void 是指中空，也有抽空的意思。这种楼板较厚，但中间是等间距的孔洞。空心楼板比一般楼板要厚一些，每个孔洞之间的混凝土起到小梁的作用，而且空心楼板就像一侧有肋的构件。较厚的楼板会有厚重的感觉，所以如果将楼板中间镂空，则可以实现减轻重量的目的，而且孔洞之间的肋也会起作用。

在打设空心楼板的混凝土时，要事先在楼板的模板上等间隔放置纸制或铁板制的圆筒，圆筒之间和上下部分绑扎钢筋，然后打设混凝土。

井字梁楼板和空心楼板都不需要使用大型梁。因为是平板的楼板，所以也称之为"平板结构"。

井字楼板和空心楼板都是平板结构，因此可以实现无大梁的整齐的顶棚。

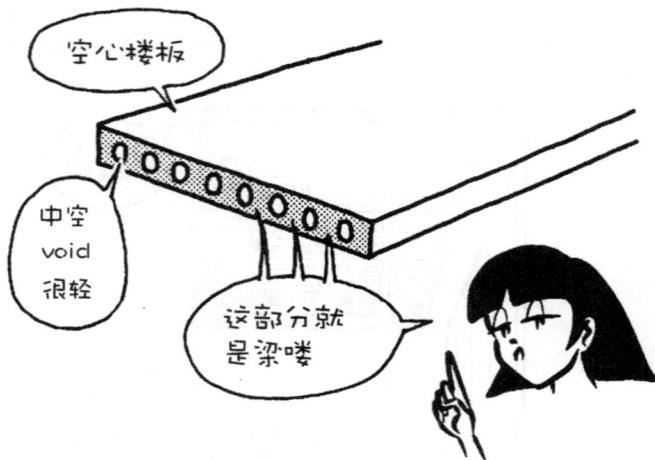

空心楼板

中空
void
很轻

这部分就
是梁喽

Q 什么是钻探（boring）？

▼

A 是指在地面上钻孔进行地质调查。

bore具有钻、钻孔之意。钻孔是boring，与滚动的保龄球的英文 bowling不同。

在地面上支上三脚架并吊上设备，然后开挖直径为10cm左右的孔洞。开挖出的土不能扔掉，要作为样品保存起来。根据圆筒形的土样，我们就能知道地下多少米之处有什么样的土层。

为了找到石油或温泉的开挖也称为钻探。虽然做的事情是相同的，但开挖深度却完全不同。建筑的地质钻探只有几十米深，但温泉或石油却需要1000m以上的深度。

样品用英文表示是sample，因为很像将苹果芯拔出来的样子，所以也称为岩芯或土芯。

分析土样得到地下多少米有什么样的土层，最后用原状土柱图表示。原状土柱图也称为钻孔柱状图或钻探图。利用钻探图可以进行基础和桩基的计算。并非仅在建筑场地内钻一个孔洞就行了，一般要钻探很多个点，这是因为每个点的地层都可能会错层。

将土样取出后的孔洞，可以进行地基承载力测量和地下水测量等。特意开挖的孔洞，应该充分利用才对。

4

地基

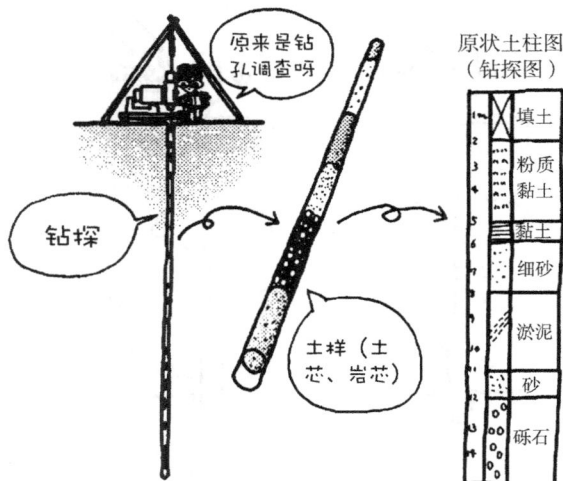

原来是钻孔调查呀

钻探

土样（土芯、岩芯）

原状土柱图（钻探图）

填土

粉质黏土

黏土

细砂

淤泥

砂

砾石

Q 标准贯入试验的原理是什么?
▼

A 敲打土的上部,找到敲打次数和贯入深度的关系,根据这个敲打次数确定地基的软硬程度和承载力。至少能知道敲打次数越少地基越软弱。

如下图所示,当敲打钉子时,如果钉入木头中1cm的话,相同敲打力度敲打3次和敲打10次的木头相比,可以判断出敲打10次的木头更坚硬。

钉钉子的力度相同 (标准化),钉入 (贯入) 深度也统一标准的话,不管在哪里钉入,也不管是谁钉的,都会得到相同的结果。再进一步重复做试验的话,可以找到敲打钉子的次数和承载力的关系。

标准贯入试验也是相同的,用同样力度敲打土,可以测到为了达到相同深度所需要的敲打次数。具体地说,将63.5kg的重锤从75cm高度处落下,测得贯入深度为30cm时所需的锤击数。

同样的试验在实验室里通过变换土的种类进行的话,可以得到什么样的土、打击次数多少、其承载力是多大等一系列平均值。实际钻探时,通过调查击打次数和土的种类,可以得到地基承载力是多少。

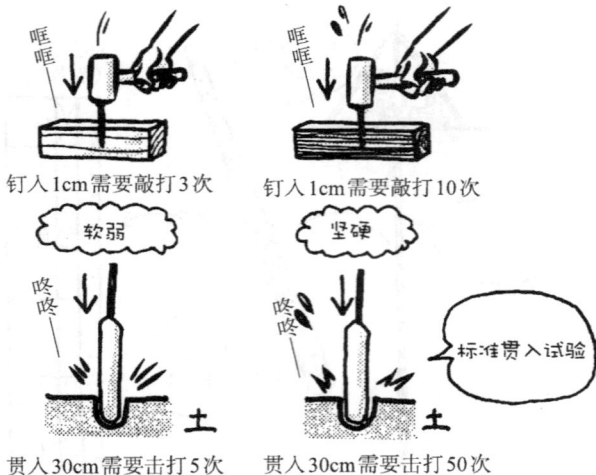

钉入1cm需要敲打3次   钉入1cm需要敲打10次

软弱   坚硬

贯入30cm需要击打5次   贯入30cm需要击打50次

标准贯入试验

Q 什么是N值?

▼

A 在标准贯入试验中使用重锤贯入规定深度（30cm）所需的次数。

⬢ 钻探时按1m左右的间隔开挖。每个钻孔都取土样，然后进行标准贯入试验，看需要落锤多少次能贯入30cm，这个落锤次数我们称之为N值。

标准贯入试验完成后，继续深挖1m取出土样，再进行一次标准贯入试验。这样的标准贯入试验反复进行多次。

测量各个点的N值后，最终可以得到原状土柱图（钻探图）。从钻探图上可以一目了然地看出在多深的土层埋有多硬的地基土。

中等高度的RC结构，一般需支撑在N值为30～50左右的地基上。在这样的地基上需要做桩基础。柱的下面是桩，由此桩基支撑柱和建筑物。这样，即使坚硬地基上部的土层发生沉降，建筑物的位置也不会发生变化。

例如地下10m处的N值=30，地基稍微软弱，而且土层较薄；而地下30m处N值=50的地方土层厚实，所以将此土层作为土的持力层。如果不认真地作地基调查的话，那么不管建造多么豪华的建筑物，都有可能马上倒塌。地基调查和基础工程尽管从外表看不到，但却是建筑最核心的部分。

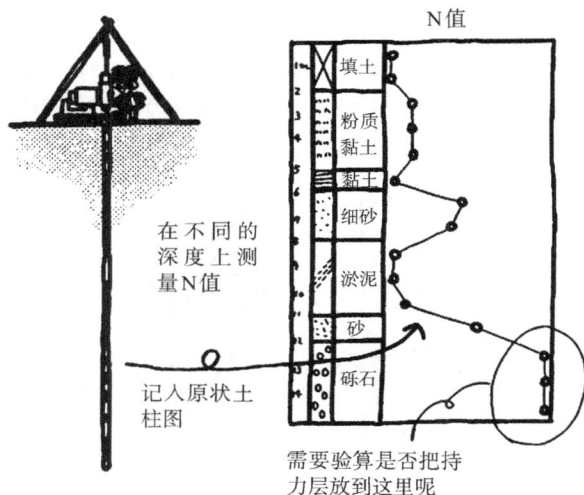

N值

填土
粉质黏土
黏土
细砂
淤泥
砂
砾石

在不同的深度上测量N值

记入原状土柱图

需要验算是否把持力层放到这里呢

Q 瑞典式探测试验的原理是什么?

▼

A 将螺旋状的器材(螺杆点)钻入土中,根据土对它的抵抗程度推算地基承载力。

⬢ 如下图所示,将螺钉钻入木头中时,易于钻入的是软木,需要用力钻入的可以推测是硬木。同样的推测可以用到土上,易于钻入的是软质土,需要用力钻入的是硬质土。

在做试验时,必须用同等力度钻入。用人力钻入会有偏差,所以不能用于试验,选择使用同样大小的重物作比较。具体而言,就是需要测出将100kg的重物旋入土中25cm深度时所需要的转数。因为是同样的力度旋入土中的,所以转数越多则表明土质越坚硬。在实验室对不同的土用相同的条件旋入,把同一地质状况的土层需要旋转的次数和得到的N值记录下,然后将此数据与在现场实测的回转数比较,最后推算实际的N值。

准确地说,回转次数是以半回转次数作为标准来计算的,即回转1.5次则按3次、回转5次则按10次计算,所以N值是由半回转数推算的。

瑞典式探测试验除了手动方式外,还有机械方式的,多用在木结构、轻质低层RC结构、S结构等的钻探深度为10m左右的浅层地质调查中。因为其使用简单且造价低廉,所以多用于住宅建筑中。

被称为瑞典式,是因为这种探测方法在瑞典的国家铁路地基调查中被广泛采用并推广。这种试验也被称为瑞典式触探试验(Sounding Test)。触探是指通过敲打旋转等方式进行的试验。标准贯入试验也是触探试验的一种。

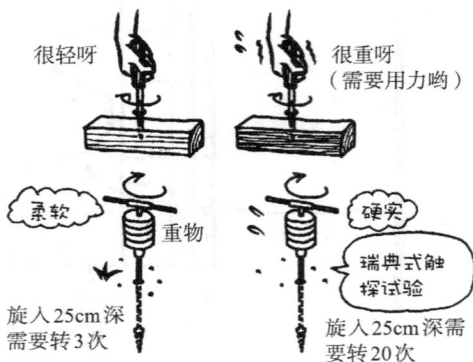

很轻呀　　　　　　很重呀
　　　　　　　　　(需要用力哟)

柔软　　　重物　　　硬实

瑞典式触探试验

旋入25cm深　　　　旋入25cm深需
需要转3次　　　　　要转20次

Q 平板负载试验的原理是什么？

A 将重物放到平板上，通过土的沉降推算地基承载力。

将重物直接放到土上，是一种更直接的试验方法。但是，因为存在不易在深土层做试验、需要在各土层分别试验这样的缺陷，所以需要与其他方法并行使用。

试验使用的平板标准尺寸为直径30cm、厚度大于2.5cm的钢板。用标准尺寸是因为如果不同的试验用不同的尺寸，就无法进行试验结果的对比。

试验时把重物放到平板上，并按1m²的单位重量进行换算。如果能知道每平方米能承受多少吨（或多少牛顿）的重量的话，将此值乘以建筑基础面积，就能知道建筑的重量达到多少就不会发生地基沉降。

把重量和沉降的关系用图表示，从图上推算安全的地基承载力。如果增加平板上的重量，那么沉降也会增大，但超过一定重量后所发生的沉降就不会回弹了，如果在此基础上再增加重量，沉降就会一直增加下去。日本建筑规范把造成无法停止的沉降所对应的极限重量的1/3作为地基承载力考虑。

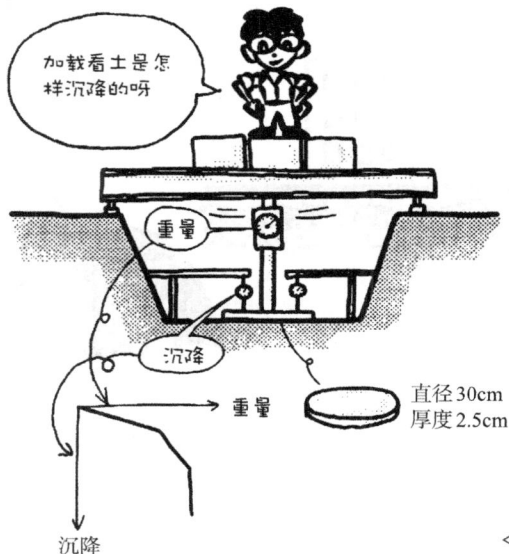

加载看土是怎样沉降的呀

重量

沉降

重量

直径30cm
厚度2.5cm

重量

沉降

Q 什么是砾石层？

▼

A 由具有一定粒径（颗粒的直径）的石头组成的地层。

砾石是指直径在2mm以上的石块，而砾石层是指一块一块的小石头裸露在外面的地层，一般由砾石或卵石组成，在很久以前是河流和平原的地方较多见。即便使用挖掘铲挖掘，由于全是石子，所以不易开挖。

厚度为10～20m的砾石层的地基承载力很大，属于优良地基。曾经是河流的地基一般情况下土质松散，不宜用作建筑物的地基，但如果形成砾石层，则相反是良好的地基。不管怎样都需要作地基调查。

石子或土按下述粒径大小顺序进行分类：

砾石 > 砂 > 淤泥 > 黏土

砾石≈石子
砾石层≈石子外露的地层

石子的大小有很多种哟

粒径的大小顺序是：
砾石 > 砂 > 淤泥 > 黏土

厚实的砾石层是优良地基哟！

Q 什么是硬土层?

▼

A 是指在很长一段时期内形成的坚硬密实的土层。

🔷 硬土是指还没有到达岩层但在岩层附近的坚硬土层。这部分土层
是指在冲积层下部洪积层上的硬质黏性土以及泥岩层等土层。
用在建筑地基上的时候，一般没有必要像地质学那样精确分类，
而仅以承载力、硬度和颗粒大小等进行分类。地基承载力大小顺
序如下:

　　岩石层 > 砾石层 > 硬土层

Q 什么是粉质黏土呢?
▼

A 火山灰堆积成的土层。

■ 火山爆发时产生的火山灰沉积后经过很长时间固结形成的就是粉质黏土,是高原和丘陵地带的红土。

日本关东的粉质黏土层是由富士山、浅间山和赤城山等地的火山灰堆积而成的。开挖地面挖掘出的红土即为粉质黏土。粉质黏土作为木结构住宅的地基,它的承载力是足够的。3层左右高度的RC结构,即使不采用桩基,它的承载力也足够。

火山灰固结后就成了粉质黏土啦

Q 冲积层和洪积层，哪个在上面？

▼

A 冲积层在上面。

■ 冲积层是2万年前之后形成的新地层。

日本的平原，大部分是由冲积层组成的，并由河川等冲来的土或泥堆积而成。一般冲积层比较软弱。

地质学中所说的全新层，在建筑和土木工程领域通常是指软弱地基的冲积层。

洪积层是在200万～2万年以前形成的地基，是坚实地基。

上面的土层是冲积层哟

冲积层

洪积层

Q 冲积层和洪积层，哪个更坚硬、更结实？

▼

A 洪积层。

洪积层是更古老的土层，所以是压得更坚实的土层。

Q 什么是三角洲?

A 指在河口附近由河砂堆积而成的近似于三角形的区域。

河口是像扇子一样向外扩展的，其上会滞留砂、土而形成三角形土地，这就是三角洲。Delta地带的狭义解释即三角洲。大规模的河川，到处都可以形成三角洲。孟加拉国就是在恒河的三角洲地带。三角洲因为是由河口形成的，所以发生洪水的可能性更大，尤其是每年冬雪融化后的雪水容易造成洪水泛滥。

不仅是洪水的侵害，三角洲区域的地基也比较软弱，所以盖房子时需要特别注意。即使是木结构也多需要使用桩基。

Q 什么是扇形地?

▼

A 是指河川流到山谷后干枯而形成的、土和砂堆积的扇形地形。

◆ 地基一般比较好，但由山围住的山谷的出口处容易发生水灾，故需注意。

扇形地

是自山谷扩展而成的扇形哟

Q 什么是台地（tableland）？

A 是指像桌子（table）一样的地形。

火山灰堆积形成粉质黏土，其整体形状似台子（tableland）。

因为地基较高，所以排水、日照和通风都较好。另外，作为木结构的地基，其承载力也足够，所以通常用作宅基地。在日本，地名中用到某某台的，多表明是良好的宅基地。这些地方比起用某某沟或某某泽命名的，通常不用担心洪水的侵害。

还有一些地方使用如武藏野台地、相模台地、大宫台地等具体名称的。

像桌子一样的地形是台地哟！

做木结构住宅的地基是绰绰有余的啦

台地
Table

Q 什么是填土面和挖土面?

▼

A 改造倾斜地面时,需要填充的地方为填土面,而需要切割挖掘的为挖土面。

挖土面是从原有的土上挖掘形成的面,所以长时间搁置后会变坚固。但填土面是后来填充的土面,因为不易压实,所以每填一点土就需要很好地压实。

填土面容易沉降,而挖土面不易沉降,因此,如果将两者混到一起做地基,会有一部分地基沉降大而一部分地基沉降小的现象。因为产生的沉降量大小不等,所以建筑可能倾斜。我们称这种现象为不均匀沉降。

一般改良地基中的填土是比较危险的。另外,还要特别注意挡土墙的承载力以及排水问题。

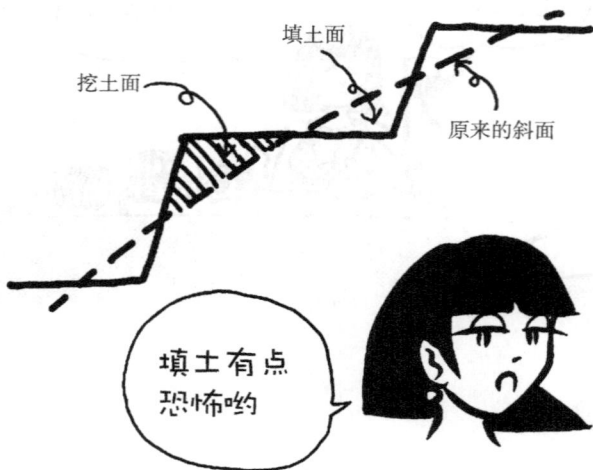

填土面

挖土面

原来的斜面

填土有点恐怖哟

Q　埋在建筑物下面的地层中的柱状结构是什么？
　　▼
A　桩（pile）。

桩是基础的一种，在软弱地基上建造重量大的建筑物时使用，为了将各个柱的荷载传递到坚实地基上才使用桩基的。桩基就像给建筑物穿上鞋子一样。

由于有桩基，所以建筑物不沉降。基础是放在土中的，所以，尽管看不见，但却是建筑最重要的部分，而且这部分的造价也高。

即使是钢结构（S结构）和木结构（W结构）等结构形式，建造在软弱地基上时也使用桩基。建筑越重，土质越软，桩基就越有必要。

桩是像电线杆那样的，分为已经做好的运到工地打入地下的预制桩和在现场打设混凝土的现场浇筑混凝土桩。预制桩需要运送到现场，所以直径多为比电线杆稍微粗一点的50～60cm左右；现场浇筑混凝土桩的直径多为大于1m。也就是说，桩基分为预制和非预制两种。

柱

基础梁

地面

软土

桩

硬土

土中东西很重要哟！

原来是像穿了鞋子一样呀

Q 根据承载形式，桩基分为哪两种?

▼

A 端承桩和摩擦桩。

桩端要放置在坚硬的地基上，这种支承于地基上的桩称为端承桩。如果在地层较浅的地方没有坚硬地基或尽管不太坚硬但具有一定强度的地基时，通过桩周围的摩擦力起作用的桩为摩擦桩。为了增加摩擦桩的摩擦力，会在桩周围做出一些枝节。

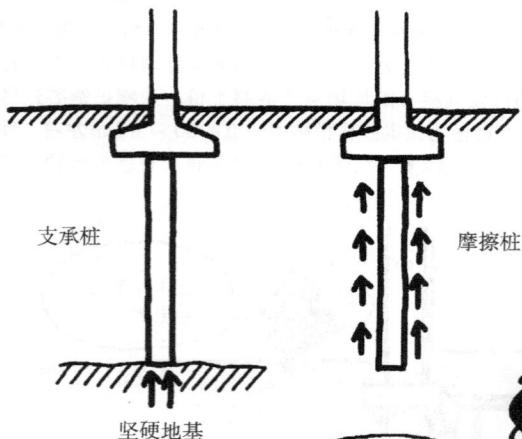

支承桩

摩擦桩

坚硬地基

支承桩让人心里更踏实呀

Q　在柱或墙下的基础，其下部尺寸是放大的，这是什么基础？
▼

A　通常称这种基础为底座（footing）基础、台阶基础或大放脚基础。

■　底座基础也称为大放脚基础，英文用 footing 表示。foot 的英文意思是脚，这里用的 footing 是指像脚底那样与地面的接触面积大而不至于陷到地里面的意思。若底面被扩大，则上部重量就会被分散开，从而防止沉降发生。例如高跟鞋的后跟就会将重量集中而不是分散，如果穿着高跟鞋在松软的土上踩的话，鞋跟就会陷到土里面。如果要在松软的土上行走的话，穿上鞋底平平的运动鞋更好。建筑物与此相同，底面宽大的建筑更容易支承建筑的重量。通常会在柱子的下面设置大放脚基础。另外，柱子和柱子之间的大放脚基础也可以延伸。低层的 RC 或钢结构等轻质建筑，也可以仅靠使用大放脚基础来支撑建筑。当然，软弱土层上还是不行的。大放脚基础的下面也可以加上桩基。另外，即使是木结构，也经常使用大放脚基础。木结构比较轻，所以在墙下只用大放脚基础的话，基本是能满足要求的。

大放脚基础　　　　　脚（foot）

放大地面来支撑哟

Q 底部用整浇钢筋混凝土板支撑结构的是什么基础?

▼

A 筏板基础。

整个一片都是混凝土板被称为筏板,而用RC板打成底板并用它支撑的基础称为筏板基础。因为比承台基础底面更宽广,所以重量可以分散到更大面积上。筏板基础的下部再加桩的做法,也经常被采用。

筏板基础与承台基础同样会被使用在钢结构、木结构上。阪神淡路大震灾以来,在木结构上也积极采用筏板基础。

一般的楼板是从上面承受荷载的,但基础底板却是承受下面的土层传来的向上压的荷载。所以,钢筋的锚固,也跟普通楼板相反方向弯曲固定。

筏板基础

底面整体支撑哟

全面……

Q 用到筏板基础的承受土压力的底面板叫什么?
▼
A 承压板。

能"承"受土的"压"力的"板",称之为承压板。建筑物从柱子和墙壁传来的全部荷载都传到底板上,将这些荷载分散到全部底板的就是承压板。

从建筑物到土层,可以看作建筑物的重量施加到土层上了,但从相反方向来看的话,则是土层把支撑整个建筑物的荷载反方向施加到建筑物上了。建筑重量和支撑力相互平衡,建筑物才不会一直往土层里陷入而是静止在那里了。

如果土层过于软弱,就不会产生很大的支撑力。用承压板就会把重量分散,使得作用到土上的反力也相应减小。就像比起尖尖的高跟鞋,运动鞋更不易陷到土里,是同样的道理。

承压板的厚度,即使是二三层的钢筋混凝土结构,也得需要30 ~ 40cm厚。

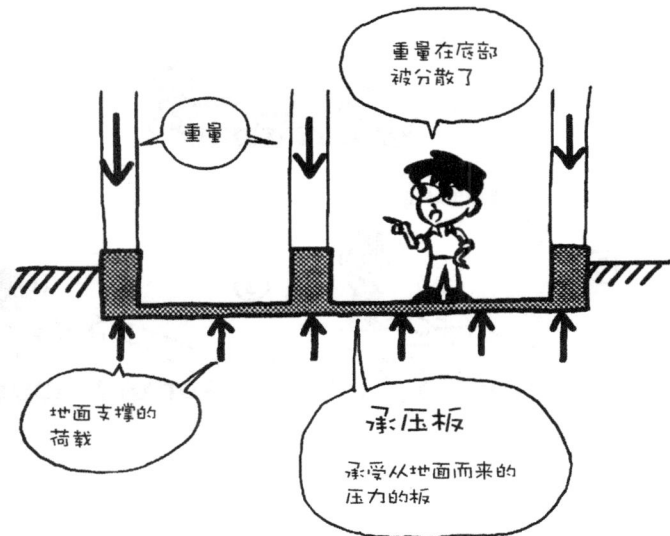

Q 什么是碎石?
▼

A 铺设在基础的垫层混凝土下面的石子。

碎石是指长度为20cm、宽度为10cm左右的石子。稍微大点的石子切成像卵石那样大小的,也称为碎石。

尺寸大点的人工碎石也会代替碎石使用。人工碎石是指将岩石粉碎后变小的人工加工过的石子。

把碎石沿着较长的方向插到土里,被称为竖砌。把碎石这样放置后再进行敲打,就能更稳定地插入土中固定,并使基础更安定。

碎石铺设好之后,从上面再填上砾石,一般称这些砾石为填空砾石。在碎石的缝隙之间填上砾石后,就会使平面更平整。最后从上面用夯敲打使其更坚固、更结实。这样,基础或垫层混凝土的打设准备工作就做好了。

Q   什么是粉碎砾石（粉碎碎石）？

A   是粒径在 0 ～ 40mm 范围内、由大大小小的碎石集合起来的砾石。

碎石是用粉碎机将岩石粉碎后形成的砾石，这些碎石经过筛选，除去某个尺寸以上的石子后剩下来的，就是粉碎砾石，也称为粉碎碎石。这是砂子那样大小的小粒径碎石与大粒径碎石的混合体。因为是用粉碎机粉碎出来的砾石，所以也称其为机轧碎石（crusher-run）。

用网眼为 40mm 的筛子过滤碎石，就会得到 0 ～ 40mm 等级的碎石。0 ～ 40mm 的碎石可以标记为 C-40 或机轧碎石 40 ～ 0 等。填充到碎砾石上的砾石就是这样的粉碎砾石，通常使用粒径为 C-40 左右的。要填充到碎砾石里面的话，需要从小到大各种不同尺寸的砾石。如果只选用大块砾石，那么有的空隙就会无法填充。另外，修路时铺在沥青下面的石子也多用粉碎砾石。

通过筛子过滤后剩下的 40mm 以上的碎石，再继续使用不同网眼的筛子过滤，就能得到 50mm 或 200mm 的碎石。这些碎石的大小大致相同，与粉碎砾石有不同的用途。200mm 的碎石，也会作为碎砾石使用。

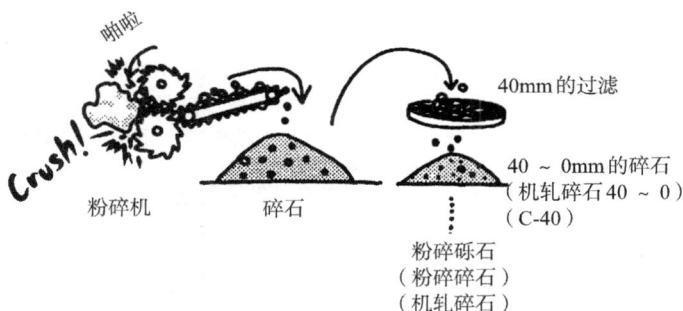

啪啦

Crush!

粉碎机   碎石   40mm 的过滤

40 ～ 0mm 的碎石
（机轧碎石 40 ～ 0）
（C-40）

粉碎砾石
（粉碎碎石）
（机轧碎石）

Q 什么是混凝土找平层？

▼

A 在碎石上面铺设的5cm左右厚度的结构施工所需要的混凝土。

如果在土地上直接进行结构施工，会出现结构重量难以传递到土层、混凝土被吸入土中、钢筋不得不在土面上组装捆绑、不易划线等问题。

为此，先在土上铺设碎石，填充粉碎砾石后夯实，铺设在其上的混凝土被称为混凝土找平层。混凝土找平层的成分与普通混凝土成分相同，但有时加水会较少。

找平层是指打底，所以可以看作是打底混凝土。

混凝土找平层的首要理由是要做一个水平面，如果有一个坚固的水平面的话，在上面施工起来会很方便，在只铺设了碎石和粉碎砾石的凹凸不平的面上施工会很困难。

混凝土找平层也可以理解为调整水平高度的混凝土之意，也会被称为找平混凝土。

混凝土找平层凝固后，在上面划墨线。在混凝土找平层上面用墨和线弹出来的墨线，是用来确定柱、墙壁和梁的位置的。

钢筋绑扎也是在混凝土找平层上进行的。混凝土找平层的表面坚硬，能把钢筋搁置在一个平面上，所以可以简单绑扎。结构的保护层厚度（参见R122）也可以通过混凝土找平层进一步得到保证。但保护层厚度是从表面算起的，不能把整个混凝土找平层的厚度都算进来。

有混凝土找平层，组装模板也简单了。钢筋和模板工程完成后再浇筑混凝土，钢筋混凝土结构的雏形就形成了。值得注意的是，碎砾石和混凝土找平层都不是混凝土结构的一部分，它们只是为了结构工程而进行的准备工作。

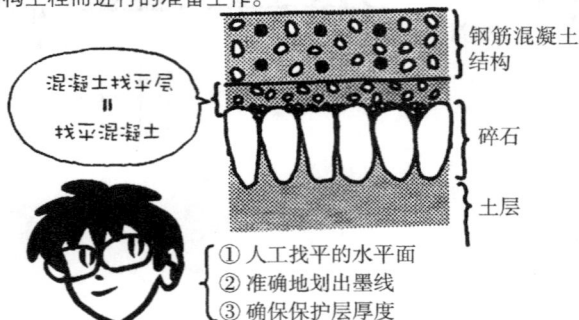

混凝土找平层 = 找平混凝土

钢筋混凝土结构

碎石

土层

① 人工找平的水平面
② 准确地划出墨线
③ 确保保护层厚度

Q　商品住宅楼等建筑会在承压板上面再打设一层楼地板，形成双层
　　楼板，这有什么好处?

A　再打设一层RC楼板是为了防止下面的湿气上升，另外，楼板下面
　　会形成一个空间，方便给水排水管道等的管道配置及检修。

在承压板上面将基础梁抬高后再架设一层楼板，RC楼板就变成两
层了，这样就能避免下部的湿气上升。如果RC楼板的下面是土层
的话，土层的湿气会升入室内的。

卫生间的排水管道等设备管道通常设置在楼板下面，如果管道出
现故障而且这些管道被埋置在土层内的话，修理起来就很麻烦。
因此，如果设置成两层楼板，不仅人出入方便，而且维修也更简
单方便了。这时一般会在基础梁上预留60cm见方的出入口。

为设备管道设置在地下的小空间，被称为地下坑道。英文pit是坑、
陷阱的意思，在建筑上，pit是指为设备而设置的空间。

双层楼板在住宅楼中经常使用哟

一层楼板

承压板

湿气不会进入屋子

配管等的维修变简单啦

Q 常常看到在地下室的RC墙壁内侧再做一层混凝土砌块墙体而形成两层墙体,这样做有什么好处呢?

▼

A 渗入的地下水顺着墙体流下去,避免渗入到屋子里来。

土层中含有大量的水分,地下水位与地表面接近的地方,水分含量更大。这些地下水会顺着RC墙壁渗入,另外,有台风和下大雨时,地下水更容易渗入。

为了防止地下水渗入室内才设置成两层墙体的。两层墙体之间的空间起到使渗入的水滴落下去的作用,当然,也起到防止湿气侵入的作用。

两层墙体的内侧墙,通常使用混凝土砌块(CB),但也有用防水板材等更简单的方法做成的。

为了避免地下水渗入房间而做成的两层墙壁

钢筋混凝土墙体

混凝土砌块墙体

水

水

Q 将水集中起来的地下坑道有名字吗?

▼

A 蓄水坑。

前面所说的两层墙体之间落下的水分,会流到地下坑道里,然后再顺着一个有坡度的沟渠最终流到蓄水坑里。在蓄水坑里设置两台抽水泵,相互交替工作,将水从蓄水坑里抽出来。

抽水泵一直放在水中是为了随时能将水抽出来。设置两台抽水泵,万一其中一台出故障的话,另一台也会继续工作将水抽出。

蓄水坑是从蓄水壶的名字得来的,一般做成穴状的大壶模样。顺便说一下,在浴池里用的蓄水壶是用来将水烧沸的,指的是锅炉。

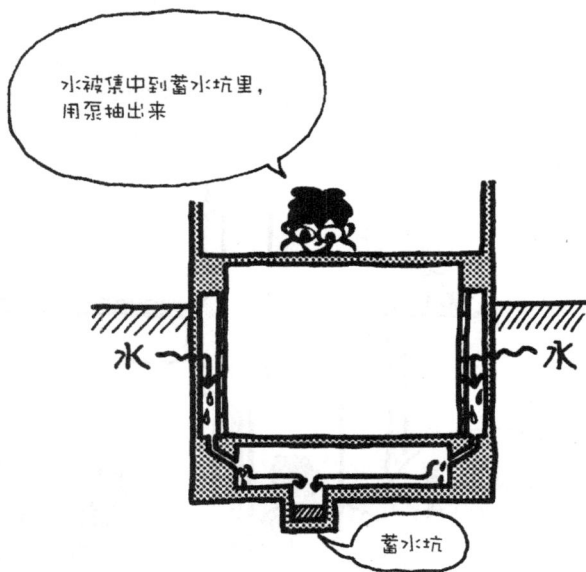

水被集中到蓄水坑里,用泵抽出来

水

水

蓄水坑

Q 什么是干燥区（dry area）？

A 为地下室采光、换气、物品搬入而设置的通道。

干燥区是英文dry area直接翻译过来的名称，是在地下室的外墙前面设置的洞穴或通道，也被称为空穴。

地下室的墙壁四周被土围起来了，所以没有阳光而且没有自然通风。如果是用作饮食店，可以用人工照明、机械强行换气等方法解决问题，但这并不是健康的办法。建筑法规规定，住宅居室不可以没有窗户。利用设置干燥区的方法就可以解决光照和空气流通问题。

地下室作为机械设备室使用时，搬运机械出入也会成为问题。将大型机械设备通过台阶搬入会有很多麻烦。如果在机械室的前面设置干燥区的话，就可以留出大门，并从上面用吊车将设备吊到干燥区，然后就可以很方便地搬入机械室。

干燥区上面加盖时，需要使用被称为光栅的网状金属构件，人和车在上面行走都没有问题，而且不影响采光和换气。

干燥区也可以作为地下室的避难通道使用，但这时需要设置通向地面的楼梯。

是干燥的地方，所以称为干燥区哟

这样也不错哦

Q 什么是电梯底坑（elevator pit）？

A 是设置在电梯通路最下层的设备坑。

英文pit是坑、洞穴的意思。电梯底坑（elevator pit）是指为电梯设备而设置的坑穴。

如果电梯是从一层开始升降的，那么需要在一层地板上设置电梯设备，这会造成电梯无法到达一层。为什么会这样？因为电梯的底板很厚，而且底板下面还要有设备。另外，为了防止电梯骤然启动、停止，还需要设置某种程度的安定区域，为了防止电梯掉落，还需要设置缓冲设备。

因此，地下部分的电梯升降路线被增长，这段被增长的电梯路线被用作电梯底坑。

电梯上下运动的纵向通道称为电梯竖井（shaft）。电梯竖井指柱状物，是像井那样竖向的洞穴。电梯竖井的底部，也就是最下层楼板的下面，就是电梯底坑。

如果没有坑的话电梯无法停止哟

电梯底坑

Q 电梯的顶部空间是指哪部分?

▼

A 从最顶层的楼板到竖井顶板下面之间的距离。

电梯厢上部设有起吊装置,如果在跟结构等高度的位置上设置竖井顶板的话,固定电梯的距离就不够大,而且会碰头。

因此,需要一个电梯的顶部空间。为了保证电梯的顶部尺寸,需要电梯机械室的楼板高出结构屋面楼板,而机械室的结构就变得如同下图所示,稍微复杂一些了。

顶部空间的尺寸记载在电梯生产厂家提供的电梯说明书上。除此之外,对从吊装电梯厢设备到楼板下部的尺寸以及机械设备室的楼板到梁下部之间的尺寸也都有明确要求,设计人员需要按照这些尺寸要求设计电梯竖井和机械设备室。

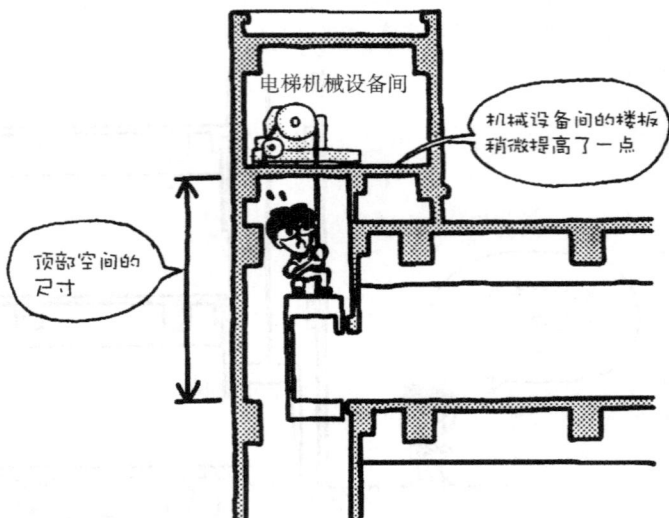

电梯机械设备间

机械设备间的楼板稍微提高了一点

顶部空间的尺寸

Q 表面有刻纹的钢筋叫什么?

A 异形钢筋或者异形钢棒。

表面光滑、没有刻纹的钢筋是光圆钢筋或无刻纹钢筋,表面有凹凸不平的刻纹的钢筋是异形钢筋。

目前,异形钢筋用得更广泛。因为表面凹凸不平,所以与混凝土能更好地黏结成一体,抗拔出能力增强。

光圆钢筋的截面是圆形的。10mm的光圆钢筋,指的就是直径为10mm的钢筋。直径10mm用符号 ϕ 10表示。ϕ 是用来表示直径的,在现场有时会被错误发音成pai,正确的发音是fai。

异形钢筋的截面尽管不是圆的,但10mm直径的异形钢筋的截面积与光圆钢筋基本一样,所以用D10表示。D10的意思是直径约为10mm的异形钢筋,D10的异形钢筋截面面积与直径10mm的光圆钢筋截面面积基本相同。

  异形钢筋→D10

  光圆钢筋→ ϕ 10

请记住这些记号。另外,D10会在很多需要细钢筋的地方登场,而现场会将其发音为date。

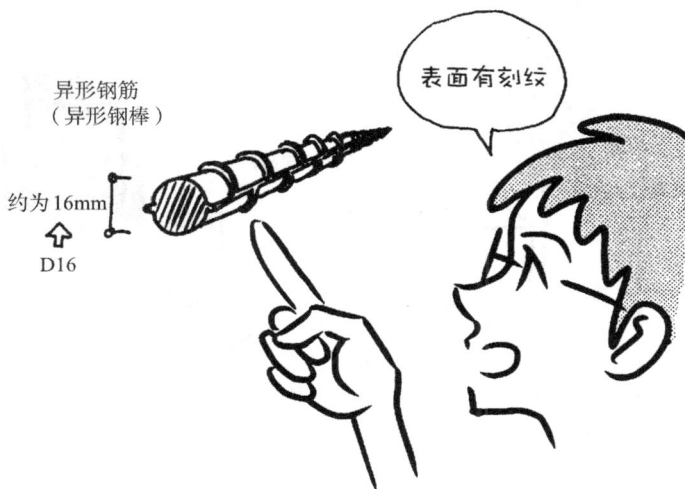

异形钢筋
(异形钢棒)

约为16mm

D16

表面有刻纹

6

钢筋

Q 沿柱和梁的轴向设置的钢筋叫什么?

▼

A 主筋。梁上部配置的主筋也称为梁的上部钢筋，下面的主筋也称为下部钢筋。

主筋正如文字所表述，是主要的、成为主力的钢筋。它布置在柱和梁的轴向，也就是长度方向。

主筋是用来抗拉和抗弯曲的力，如果不设置主筋的话，混凝土就会很容易被破坏。

柱的主筋至少要在四个角上各自配置一根，共计4根。二、三层结构的柱子，每边至少需要3根D20左右的钢筋，共计8根左右。

梁的上部钢筋和下部钢筋之间的距离过大时，中间也要沿轴向设置钢筋。设置在中间的钢筋称为腰筋，就相当于在梁的腰部位置放置的钢筋，并由此而得名。

上部钢筋和下部钢筋的根数都是根据结构计算得到的，有时会上部钢筋多，有时又会下部钢筋多，情形各异。

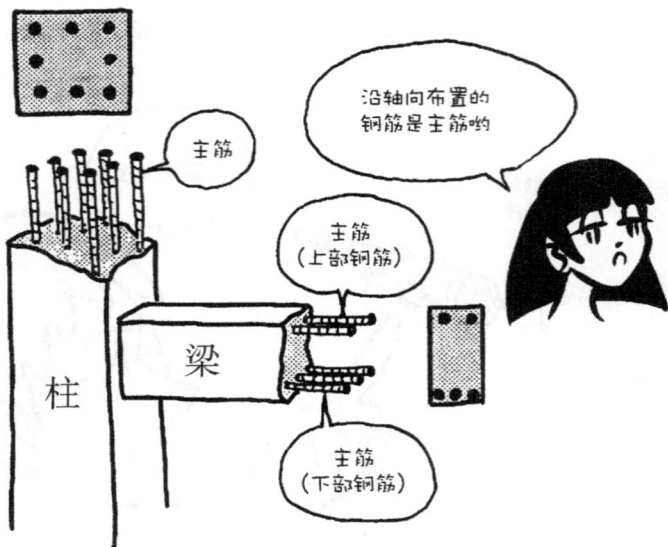

沿轴向布置的
钢筋是主筋哟

主筋

主筋
（上部钢筋）

梁

柱

主筋
（下部钢筋）

Q 在柱子主筋周围缠绕的钢筋是什么?

▼

A 箍筋。

因像带子一样箍住而得名,英文是hoop,其意为箍、铁环、加箍等。

箍筋是用来抵抗柱截面方向变形的力(剪力),另外也为了防止大地震时被箍在内部的混凝土向外飞出,并增强柱的韧性。

箍筋多使用D10的异形钢筋,按小于10cm的间隔配置。

这样的缠绕钢筋也用在梁上,但在这里请先记住柱的箍筋吧。

柱箍筋
(hoop)

呼……

柱

被箍得有点
不舒服哟

Q 什么是螺旋箍筋?

▼

A 是像螺旋那样的箍筋。

英文的 spiral 是螺旋、旋涡的意思,spiral 钢筋是指螺旋状的箍筋。因为是一圈一圈地卷起来的,所以比普通的箍筋束缚力更强,不容易脱落。地震时,柱子内部的混凝土有可能飞到外面使柱子破坏,用螺旋箍筋增强约束的话,也会防止这样的现象发生。

普通箍筋是在现场一根一根按照确定好的间隔布置的,所以保证准确的间隔也需要下功夫。一般是先将箍筋全部堆到柱子下部,主筋全部绑扎好后再将箍筋按一定间隔固定到主筋上。而螺旋箍筋是在工厂制作好的,只要从上部穿到柱子上就可以了,所以能保证施工精度。

但也存在问题:如果按一根柱子的高度制作好螺旋箍筋的话,箍筋重量很重,从上面穿到柱子主筋时会有困难,而且造价也高。由于螺旋箍筋在施工上的不便而且造价又高,所以尽管是理想的箍筋,但应用却不广泛。

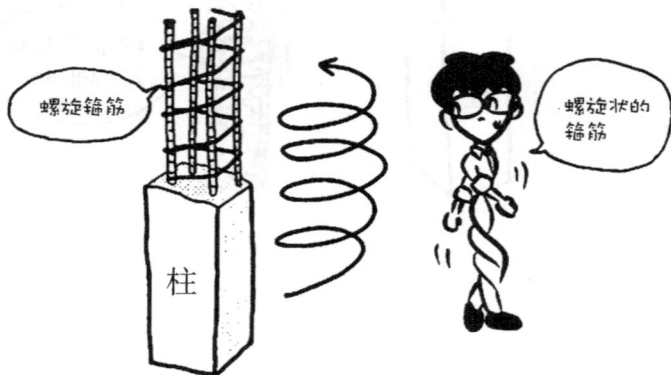

Q 梁的主筋周围缠绕的钢筋是什么?

　　▼

A 是梁的箍筋。

因为像肋骨那样缠绕着梁,所以日文中用"肋筋"表示梁的箍筋。
英文是stirrup,意为在马鞍两肋处的马镫,或登山用的短绳等。建
筑上专指梁的箍筋。

梁箍筋使用D10的异形钢筋,其间距不大于25cm。

柱子的箍筋、梁的箍筋,都是用来缠绕主筋的(日语和英语使用
的词汇不同)。

像肋骨一样的
肋筋哟

梁

梁箍筋(肋筋)

Q 墙壁中的钢筋是以什么形式绑扎的?

A 绑扎成纵横网格状的形式。

用D10左右的异形钢筋按20cm左右的间隔纵横绑扎。准确地讲，要按照结构计算结果选择钢筋和间距。

只布置一层钢筋网格的是单层网格配筋，布置两层的是双层网格配筋。对于抗震用的剪力墙或墙壁较厚的墙，一般将配筋布置成双层网格。

如果在较厚的墙上配置单层网格，容易在混凝土墙上出现裂缝。当采用双层网格配筋时，纵筋应按位置不重叠的方式布置，这种方法称为交错配筋。

像烤年糕的网哟

单层网格配筋

双层网格配筋

Q 双层配筋为什么要做成交错形式的交错配筋呢?

A 是为了保护层厚度和钢筋之间的净距。

在确定的墙厚里进行双层配筋时, 容易造成钢筋过于密集的现象。如果钢筋之间的距离过小, 混凝土中的砾石不易通过, 而且钢筋过于接近混凝土表面, 容易减小保护层厚度, 引起钢筋锈蚀。

按照规定, 钢筋之间的净距要保证是钢筋直径或砾石直径的多少倍以上, 保护层厚度也要保证在多少毫米以上。为了防止因砾石堵塞而影响混凝土的浇筑以及钢筋锈蚀后混凝土发生爆裂等, 不管从哪个角度来看, 这样做都是有意义的。从保证钢筋之间的净距和保护层厚度的角度来看, 采用交错配筋形式效果显著。

从两侧的混凝土表面量出保护层厚度后先布置墙体的横向钢筋, 然后与横向钢筋垂直布置纵向钢筋, 这样, 纵筋之间的距离就会很小, 如果小于法规规定值的话, 就可以用交错配筋法使钢筋交错布置, 这样就能保证钢筋之间的距离满足要求。

净距

保护层厚度

交错布置的话, 容易保证保护层厚度和净距

保护层厚度

Q 楼板中的钢筋是怎样布置的?

▼

A 按纵横网格布置两层。

D13左右的异形钢筋按大约15～20cm的间隔纵横向布置两层。准确而言,是要根据结构计算的结果进行布置。

布置在上面的钢筋称为上部钢筋,布置在下面的是下部钢筋,这种称呼方法与梁的相同。

钢筋的粗细选择,依梁与梁之间的跨度大小不同而不同。一般板是以它的短边钢筋为主支撑板材的,所以短边方向使用较粗的钢筋,而且短边方向钢筋之间的距离也小。

上部钢筋

下部钢筋

两层的烤年糕的网哟

Q 什么是钢筋弯钩（hook）？

▼

A 在钢筋端头像钩子一样弯折的部分。

英文的hook是指钩状物，用在钢筋上是指端头被弯折的弯钩。

在钢筋上加弯钩后，钢筋与混凝土的黏结力增强，抵抗向外拔出的力更强。比起钢筋端头不弯折的钢筋，带弯钩的钢筋在结构里更牢靠。

不易拔出！

弯钩

Q 什么是钢筋的锚固?

▼

A 钢筋很好地埋置在混凝土内，防止从梁柱内拔出。

比如将梁的主筋锚固到柱子里，就是将梁上的钢筋在端头弯成大的"L"形插到柱中埋置。特别是上部钢筋，要越过柱中心线埋置锚固。钢筋弯钩是只在钢筋端部进行小小的弯折，而锚固是弯成很大的"L"形。

这样，梁的钢筋就能在柱内确确实实地被固定，即使上面加上荷载，钢筋也不会被拔出。相反地，如果不好好锚固的话，钢筋可能被拔出从而导致梁掉落下来。不只是梁的钢筋，柱的主筋锚固到基础里、墙体的钢筋锚固到柱子里、楼板的钢筋锚固到梁里等，锚固对各种构件都是必要的。

锚固长度在法规和各种规范中都有规定，通常要求是钢筋直径的多少倍以上。锚固与安全是息息相关的。

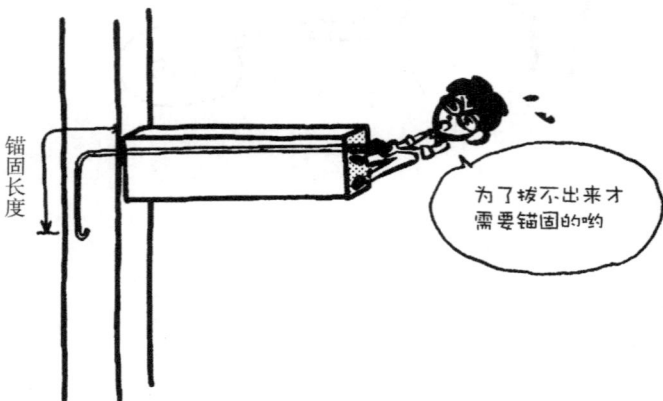

锚固长度

为了拔不出来才需要锚固的哟

Q 什么是钢筋接头?

▼

A 是指钢筋与钢筋之间沿轴向的连接方法。

沿轴向将材料连接起来的方式称为接头，即使在木结构中也使用这个词汇。当钢筋需要贯通很长时，就需要把不够长的钢筋连接到一起，这时就需要做钢筋的接头。

钢筋和钢筋之间只是按照一定长度搭接在一起，并用钢丝绑扎起来的接头是搭接接头，这是最常用的方法。这样连接的钢筋被浇筑到混凝土中，混凝土凝固后就被一体化，效果如同一根钢筋一样。

除了搭接接头以外，还有气压压接接头。气压压接接头是通过加热，使钢筋连接端膨胀而压接到一起的接头。

搭接接头的搭接长度，在规范上规定必须是钢筋直径的多少倍以上才行。

搭接接头

搭接长度

大长了很麻烦

用接头接起来呗

Q 什么是钢筋的气压压接接头?
▼

A 通过瓦斯的热和压力将钢筋搭接到一起的接头。

直径为20mm左右的粗钢筋,用气压压接方式将钢筋连接到一起。两端对接着的钢筋,被圆弧状瓦斯燃烧器加热后,会产生膨胀的小球,从而被连接到一起。

气压压接钢筋,不是通过熔化把钢筋连接到一起,而是让钢材的原子运动更活跃,从而被重新排列组合形成一体。也就是说,这种瓦斯气压压接方法不是在1200 ~ 1300℃的温度下熔融钢材,而是保持钢材的固体状态不变,把它们结合到一起了。铁轨的连接采用的也是用瓦斯气压压接连接方法。

通过进行一定数量的气压压接接头的抗拉试验和超声波探伤试验,来确认这种接头的安全性。瓦斯压接后马上把膨胀部分切开,并用热冲压去除法将接触面露出,就能够目测接触面的压接质量了,这样能做进一步保证安全性能。使用热冲压去除法,通过目测就可以确认、检查膨胀后的内部钢筋是否完全一体化了。

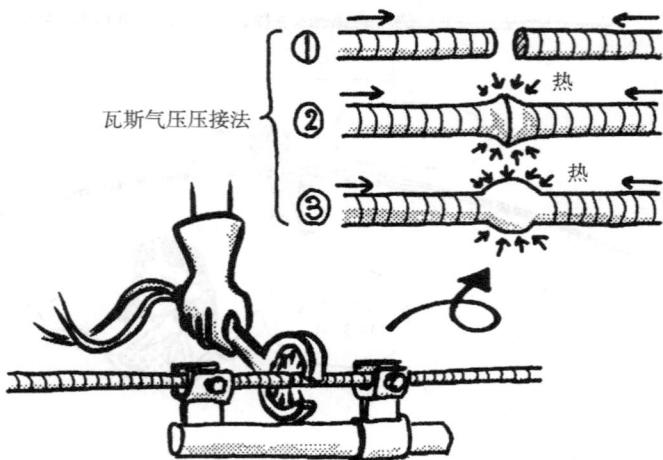

瓦斯气压压接法

Q 钢筋用什么绑扎?

▼

A 用经过退火处理的钢丝绑扎。

● 用直径0.8mm左右的经过退火的钢丝绑扎到一起。退火钢丝是一种细铁线。

经过退火的钢变得柔软,而且容易切断。退火是加热后慢慢冷却下来的意思。还有一种称为淬火的处理方法,是指加热后马上放入水或油中急速冷却下来的方法。经过淬火的钢会变硬,但比较脆,多用于制作刀刃。

　　退火→变柔软

　　淬火→变硬

用来绑扎钢筋的钢丝还是用柔软的好,所以使用经过退火的钢丝。因为是经过退火的钢丝,所以也称其为退火钢丝。

绑扎钢筋时,将退火钢丝折起来系到钢筋上,然后用工具穿到圆形部分用力固定。这是把退火钢丝卷起来捻好固定。捻钢丝的道具称为扳手。

如果钢筋之间的连接用焊接的话,就是通过加热,使钢筋在受热膨胀过程中被连接到一起,但冷却后,因为收缩会造成钢筋内部内力的重分布。另外还要考虑到焊接的钢筋可能会承受不了混凝土浇筑时的压力而产生断开的现象。但用退火钢丝绑扎钢筋就不会发生这样的问题。

退火钢丝

退火铁线
⋮
加热退火后
的钢丝

焊接不行哟

Q sleeve是指什么（梁的袖子）？

A 是指为设备管道而在梁上开的孔洞。

英文sleeve是指袖子，non-sleeve是指无袖的衣服。就像胳膊穿进袖子里那样，让设备管道贯穿梁上的袖子。不管是在梁上还是在墙上开的贯通孔洞，都称为袖子。

让管道在梁下通过是最好不过的了，但为了不占用顶棚的空间，通常是在梁上开洞让管道穿过。在住宅建筑中经常见到的，是为厨房等房间的排气管道所开的孔洞。顶棚比梁底面高的话，就不可避免地要打通梁了。

经常在墙体上看到的孔洞，是为空调的冷媒管道而开设的。

从结构上来说，开在梁上的孔洞比开在墙上的更需要引起重视。如果在梁上开的孔洞比较大，会发生梁因无法承重而导致破坏的现象，所以要求梁上开的孔洞要小于梁高的1/3。

孔洞是需要有计划地预留出来的，在建好的梁上随意开洞，会造成结构上的缺陷。

Q 怎样补强梁上的预留孔洞？

▼

A 为了补强，将配置各种各样不同形式的钢筋。

如下图所示，在预留孔洞的周边增加钢筋配置，用于补强预留孔洞的洞口。除了下图所述的预留孔洞补强方法以外，还有诸如配置网状钢筋、配置钢板等做法。

梁的预留孔洞，从结构意义上来说是不允许出现的。因为梁是重要结构构件，而且承受楼板传来的荷载，所以只有在不得已的情况下才设置预留孔洞，而此时一定要如下图所示的那样采取适当的补强措施。

Q 墙壁上开的窗户、门以及预留孔洞等的洞口怎样进行补强呢？

▼

A 补强用的钢筋纵横交错布置或按45°角度布置。

若不用钢筋进行强化，就容易出现左下图那样的裂缝。这些裂缝在窗户角部沿斜向或沿窗户周边纵向或横向开裂。

因此，可以在洞口的角部按45°方向布置钢筋，同时在洞口四边再布置纵横向钢筋。预留窗、门以及其他预留孔洞等在混凝土墙体上开的洞口，一定要用钢筋进行补强。

尽管墙体并不像梁那样承受重量，也不用像梁那样进行夸张的补强，但如果在打好的混凝土墙体上开洞的话，就无法配置补强用的钢筋，打洞时还会把墙体的钢筋截断，这样就会降低混凝土的耐久性。

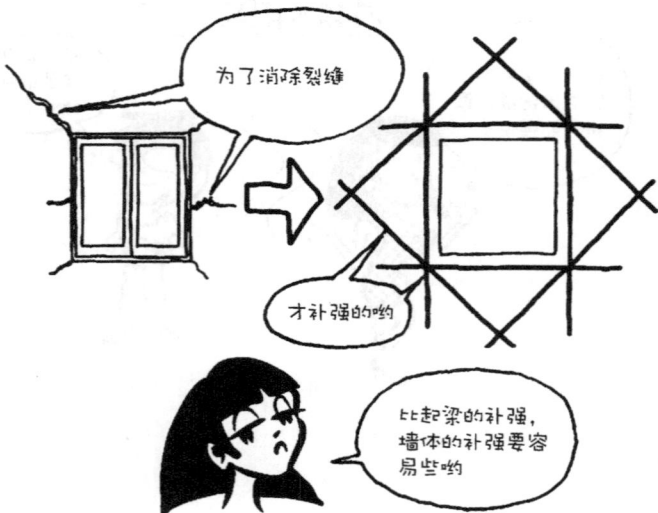

Q 混凝土表面到钢筋表面的距离怎么称呼?

▼

A 保护层厚度。

如同字面意义,是指用多厚的混凝土保护钢筋。

混凝土是从表面开始中性化的。若混凝土出现中性化,就会导致钢筋锈蚀,而钢筋锈蚀后会产生膨胀,从而导致周边混凝土的破坏。若混凝土保护层太薄,钢筋周围的混凝土就会过早中性化,钢筋也容易被锈蚀。

混凝土保护层太薄,混凝土表面容易产生裂缝。用一个极端的比喻,若混凝土保护层厚度为1mm,那么打设混凝土的当天就会有裂缝出现,使钢筋裸露在外。如果水从裂缝出现的地方浸入,就会导致钢筋锈蚀。

混凝土保护层太薄,浇灌混凝土时也会出现问题。如石子会在模板与钢筋之间卡住,使混凝土无法向下浇筑,这些部位的混凝土出现缺陷会导致结构问题。

混凝土浇筑以前,需要进行配筋检查。此时,检查混凝土保护层厚度是非常重要的环节。混凝土保护层厚度不够的地方,需要在钢筋和模板之间用垫片(确保混凝土保护层厚度用的道具)调整。如果不能确保保护层厚度的话,最坏的可能就是要返工,重新配置钢筋。保护层厚度的取值,根据各种规定,各个部位都需要几厘米以上的厚度。

保护层厚度

保护层厚度是指混凝土覆盖的厚度哟

是这样的喽

Q 什么是垫片（spacer）？

A 钢筋和模板之间放置的，用来保证钢筋保护层厚度的道具。

在英文中，按照"保证空间（space）的道具"之意，命名为spacer（垫片）。如果不放垫片，浇筑混凝土时，混凝土的重量会使钢筋位置移动，从而导致保护层厚度变小。为防止这种现象发生，每间隔一定距离在钢筋和模板之间放置一个垫片。

外墙的钢筋保护层厚度需要2cm以上，如果后浇筑混凝土（参见R132）的厚度是2cm，就需要4cm的空间，因此，需要放置4cm的垫片。

楼板钢筋也需要使用如四肢垫片等方法，以确保保护层厚度。

浇筑混凝土之前，需要检查保护层厚度，如果保护层厚度不足，就需要另外增加垫片。

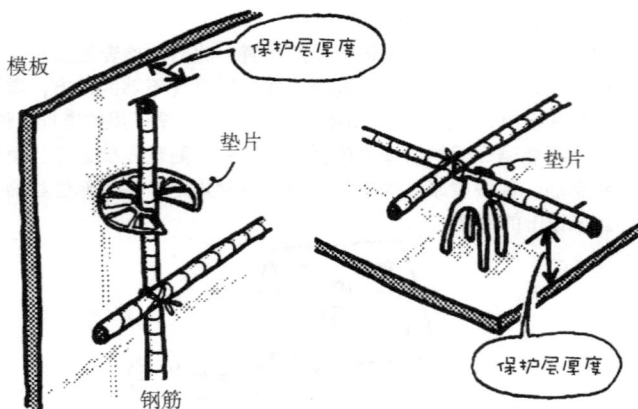

模板

保护层厚度

垫片

垫片

保护层厚度

钢筋

Q　2层钢筋混凝土平屋顶结构，混凝土的浇筑顺序如何？
▼

A　顺序是：先浇筑到一层地板顶部→再浇筑到二层楼盖顶部→然后浇筑到屋盖顶部→最后浇筑女儿墙

■　每一个步骤大概需要一个月左右。先把每一层的墙体、梁以及楼盖一口气浇筑完，并在楼盖处停止。楼盖混凝土凝固后，再浇筑上一层的楼盖。如果混凝土不能凝固的话，支模工作和配筋就都不能进行。

一层地板的下方若有基础的话，要先浇筑基础，之后再浇筑到一层地板的顶部。

梁和楼盖一体浇筑时，如果浇筑到楼盖顶部，表明梁也一起浇筑完成了。这样，对于RC结构，就以一层楼盖一个月的进度，按顺序完成各层的工作。

最后浇筑女儿墙。女儿墙可以和屋盖一起浇筑，但这样做会给女儿墙内侧支模带来一定的困难，因此，可以先在两侧都支好模板，然后浇筑混凝土。女儿墙的外侧与外墙是一体的。在屋盖混凝土凝固之前，一般不能开始内侧浇筑工作，因为这需要在还未凝固的混凝土上进行工作。在未凝固的混凝土上工作的话，会造成模板不平整的问题。小范围的模板不平整尚可，但大范围的模板不平整是不允许的。一般女儿墙可以有一部分（例如100mm之内）与屋盖一起整浇。这样做是因为考虑到至少在女儿墙防水不好做的地方与屋盖一起浇筑的话，对防水也是有益的吧。

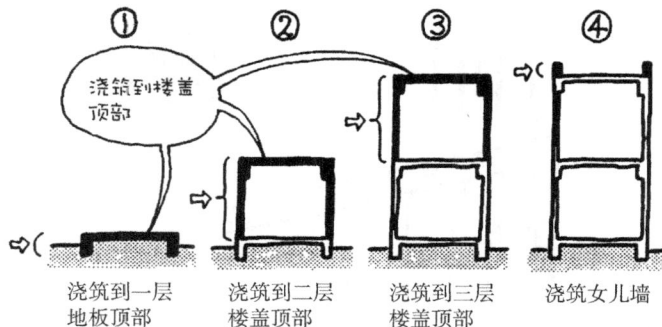

① 浇筑到楼盖顶部

浇筑到一层地板顶部　浇筑到二层楼盖顶部　浇筑到三层楼盖顶部　浇筑女儿墙

7

浇筑混凝土

Q 混凝土浇筑到楼盖顶部时，下部的钢筋应该如何处理呢？

A 垂直方向的钢筋（柱子的主筋、墙体的纵筋等）不在楼盖顶部截断，而是使其伸出楼盖。

配置上层楼盖的钢筋时，是用上面所说的伸出楼盖的钢筋进行连接（作为连接件的）。如果钢筋在楼盖里面就被截断的话，没有了连接上下层的钢筋，会造成混凝土和钢筋都不能形成整体，从而出现结构问题。

在现存的RC结构上增加楼层时，之后搭接的楼层和原有楼层之间无法直接连接成整体，需要使用搭接钢筋的方法进行连接。这种方法是在原有的混凝土上打孔，并在孔中植入钢筋。如果只是将钢筋植入孔洞而不采取其他措施的话，钢筋仍然能被拔出来，所以需要使用化学锚固（通过硬化树脂材料使钢筋不能拔出的产品→参见R153）等方法，将植入钢筋锚固（牢牢地锚固住）在原有混凝土上。之后，再支模板浇筑混凝土。

安全起见，在新旧混凝土的连接处使用连接钢筋。此时的连接钢筋，是指追加的连接钢筋，这些钢筋是为新旧交接面上混凝土一体化而增加的。

柱的主筋和墙体的纵筋伸出楼面

将这个钢筋与上部楼层钢筋连接在一起哟

Q 混凝土施工缝的接缝处容易渗水还是不容易渗水呢?

▼

A 容易渗水。

混凝土施工缝的接缝处,由于混凝土没有完全一体化,因而变成了雨水或地下水容易渗入的部位。如果接缝处理不好,将会成为结构的致命缺陷。

因此,通常在混凝土施工缝的交接处用防水贴纸做成接缝,或在混凝土内部加入防水板等各种方法进行处理。

虽然使用各种处理方法,但是地下部分的接缝处仍然存在地下水容易渗入的弱点。因此,对于地下室,会做成双层墙体,并在RC结构的外侧用防水层覆盖。

Q 混凝土施工缝的接缝怎样做呢?

▼

A 在楼板顶部的外墙上,做一个宽度和深度都是2cm的键槽,然后在此键槽里填充材料。

混凝土浇筑之前,将被称为接缝棒的2cm角棍放置到楼板端部的模板里面,待浇筑的混凝土凝固之后将其拆除,就能形成2cm的键槽。然后,在此键槽里,用具有良好黏性和伸缩性的填充材料填充。

如果不做键槽,只是使用填充材料的话,就会使混凝土表面增高,之后会发生填充材料脱落现象。如果留出键槽,填充材料能够被固定其中,其良好的黏结力和伸缩性能阻止水的渗入。

对于RC结构的外墙,不管是刷涂料还是素混凝土抹面,通过这个键槽,混凝土的交接位置就能一目了然了。

Q 混凝土施工缝的填充物，用的是什么材料？

A 表层不涂涂料的情况下，用的是多硫化物类的填充物；表层涂涂料的情况下，用的是聚氨酯类的填充物。

这些都是高分子化合物，有黏结力，即使硬化后也像橡皮一样有弹性。不但伸缩性好，而且耐水性也好，因此用于接缝处的填充材料能够防止水分渗入。

施工时可以使用填充器械填入填充材料。为了避免填充材料溢出勾缝污染到墙壁，可以在墙上贴上纸质的保护胶带。

填充材料也被称为填缝材料。填充材料的填入过程也被称作"填缝"，与英文单词 seal 作为封条使用时的意思相同。

无涂料→多硫化物类填充材料

有涂料→聚氨酯类填充材料

保护胶带

如果没有涂料的话，就用多硫化物类的填充料吧

Q 混凝土接缝处的填充物，是两面黏结的还是三面黏结的？

▼

A 三面黏结的。

接缝处的填充，有采用两面黏结的，也有采用三面黏结的。如果接缝处两侧之间没有相对移动的话，采用三面黏结。因为混凝土和混凝土之间的缝是没有相对移动的，所以采用的是三面黏结。

接缝面之上和之下的混凝土是一个整体，并不是用板连接起来的，所以上部混凝土不能从下部混凝土上移动开。如下图所示，面①和面②既不能靠近也不能分离，所以，填充材料才会与面③紧密地黏结在一起。

如果填充材料没有与面③黏结到一起的话，来自接缝上部的水会从面③的缝隙中渗入，并有可能渗入其下面的混凝土中。因此，应该把面③做成有黏结的。

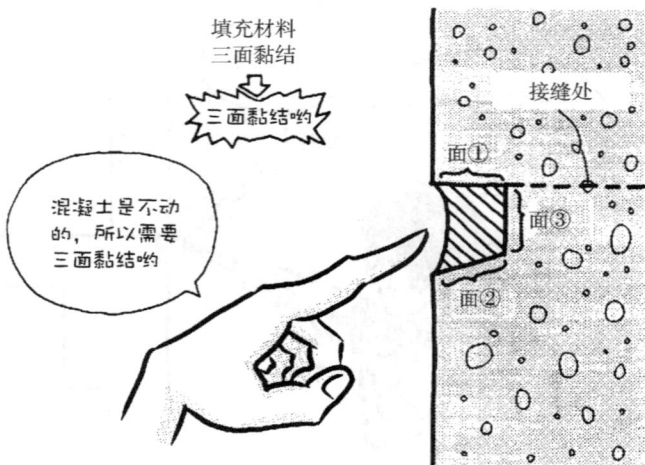

填充材料
三面黏结

三面黏结哟

混凝土是不动的，所以需要三面黏结哟

接缝处

面①

面③

面②

Q 如果像板的接缝那样，接缝之间有一定宽度并且会产生相对移动，是要用两面黏结还是三面黏结呢？

▼

A 使用两面黏结。

如左下图所示，如果用三面黏结的话，缝隙变宽时面③就会被拉开，起黏结作用的填充材料会被撕裂。面③被拉开后，与面③紧密黏结的填充材料，也会随之移动。

为防止填充材料因为板的移动而发生损伤现象，填充材料不必与面③黏结在一起。如果只使用两面黏结的话，那么就只有面①和面②被填充材料黏结到一起，即使板之间发生移动，因为没有与面③黏结，所以填充材料能够伸缩，从而防止了损伤。

这种形式的可移动接缝，称之为可工作黏结。混凝土板构件之间的接缝、窗框和混凝土之间的接缝等都是可工作黏结。可工作黏结，原则上讲都是采用两面黏结的。

可工作黏结→两面黏结

能够实现上述两面黏结功能的，是被称为垫板的材料。垫板使用与填充材料不黏结的材质。用垫板把接缝后部塞住后，再在其上面填入填充材料，这样就可实现两面黏结了。

垫板是有厚度的，它与同样用途但没有厚度的被称之为绝缘带的材料有所不同。接缝的深度需要调整的情况下使用垫板，接缝深度不需要调整只需要封上的情况下使用绝缘带。特别需要注意的是，上述两者的名称有时会被混淆使用。

有厚度的→垫板

无厚度的→绝缘带

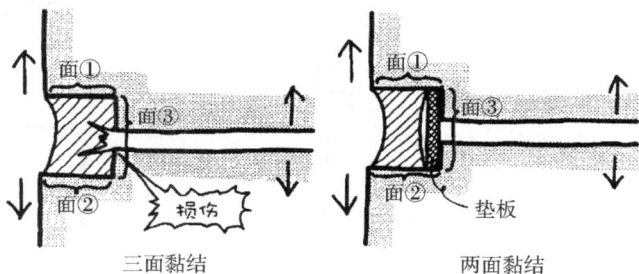

三面黏结　　　　　　　　　　　　两面黏结

Q 钢筋的保护层厚度从哪里开始算起呢？（混凝土表面？还是接缝内侧？）结构意义上的有效墙厚从哪里开始算起呢？（混凝土表面？还是接缝内侧？）

▼

A 不管是钢筋的保护层厚度还是结构意义上的有效墙厚，都是从接缝键槽的内侧开始算起的。

混凝土表面到钢筋表面的距离称为保护层厚度，表示覆在钢筋上面的混凝土厚度。保护层厚度20，是指钢筋上面有20mm厚的混凝土覆盖着。

接缝部分会形成沟隙（键槽），这个沟隙上是没有混凝土的。因此，对于外墙一侧而言，保护层厚度要从接缝沟隙内侧算起。

在结构计算上，如果钢筋混凝土墙体的厚度是20cm的话，因为接缝处有沟隙，所以沟隙部分在结构上不起任何作用，而只有接缝沟隙内侧开始到相反方向的厚度，才是结构意义上的有效厚度。

也就是说，接缝本身的填充部分，既不是保护层厚度，也不是结构本身。这样做对设计而言是偏于安全的。

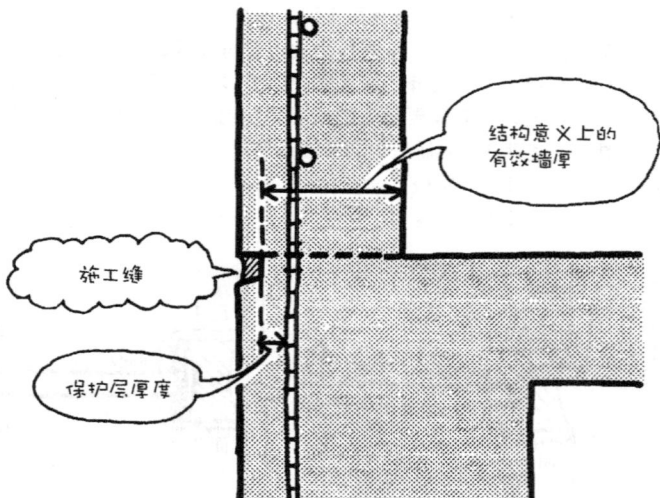

结构意义上的有效墙厚

施工缝

保护层厚度

Q 什么是增浇混凝土?
　　▼

A 是指在施工缝键槽厚度上增加浇筑的混凝土,这部分混凝土厚度没有被计算在结构设计厚度之内。

◆ 如字面意义,增浇混凝土是指在整体混凝土厚度上又增浇的部分,增浇厚度一般与施工缝键槽的宽度相同。施工缝键槽的厚度一般为2cm(20mm),因此,增浇混凝土厚度也是2cm。

为了保证混凝土的整体性,增浇混凝土部分是与结构整体一起浇筑的,增浇混凝土不可以与整体结构分开浇筑。

使用混凝土增浇方法,可以保证在结构设计厚度的基础上直接留出施工缝及其键槽。另外,在施工缝键槽以外的墙体部分,钢筋的保护层厚度就会大于设计所要求的。

使用混凝土增浇方法,可以使设计强度和保护层厚度偏于安全。混凝土的增浇部分在设计图纸上用虚线表示。

在役混凝土结构中,利用植入钢筋的方法在墙体上新浇筑混凝土的"增浇"混凝土方法,也称为增浇混凝土,用于抗震加固和增建结构中。

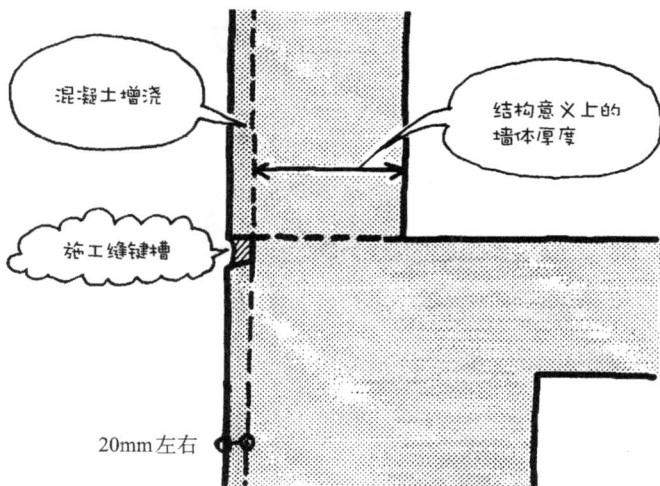

混凝土增浇

结构意义上的
墙体厚度

施工缝键槽

20mm左右

Q 为什么混凝土浇筑后的自由表面上有圆圈的痕迹?

▼

A 塑料模板顶头拔出后的痕迹。

塑料模板顶头是用塑料做成的圆锥 (plastic cone), 是固定模板的一种道具。早期是用木制的, 所以也称为木制模板顶头。模板顶头有各种各样的产品形式。

混凝土凝固后拆除模板的时候, 因为混凝土表面预埋了模板顶头 (图①), 所以需要转动模板顶头并将其拔出。为方便转动, 有些模板顶头会附有六角形的金属配件。

模板顶头拔出后, 混凝土表面会留下圆筒状的孔洞 (图②)。此孔洞中间, 能看到用于安装模板顶头的螺栓。在模板顶头上则有与孔洞中螺栓相对应的螺母。

如果这些孔洞放置不管, 其中的螺栓会生锈, 或发生水渗入混凝土内部的现象。因此, 需要将无收缩砂浆等材料填入圆筒状孔洞中 (图③)。

这就是在混凝土表面上经常看到的圆圈痕迹。

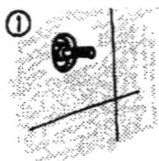

① 模板拆除处的圆形小孔, 是模板顶头固定的地方

② 模板顶头拆除处中间能看到螺栓

③ 砂浆　用砂浆等填充圆孔

Q 模板顶头的螺母是什么形状的?
▼

A 混凝土一侧是螺母,相反一侧是螺栓。

为了固定预埋在混凝土内部的被称为垫片的金属配件,需要在混凝土一侧做成螺母形状。

拆除模板时取下模板的顶头,能看到混凝土内部预埋垫片里的螺母,如果不加以处理,就会生锈。通常用砂浆等将模板顶头的孔洞堵上,这样处理之后,就会在混凝土表面形成这种施工方法所特有的圆圈痕迹。

螺母的相反一侧则有螺栓,这是一种拧紧后可以固定模板之间距离的螺栓,也称之为拉杆。模板用模板顶头和拉杆夹住不动,再用拉杆端头的金属配件固定到铁管等上面。

模板顶头的两侧都各自带有螺母和螺栓。尽管构造很简单,却是经过精心设计的。

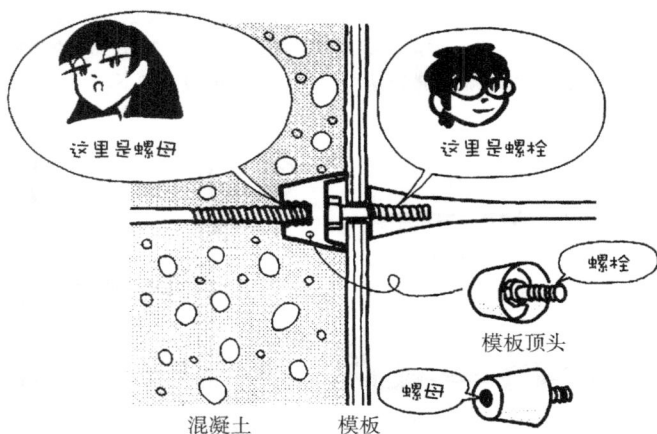

这里是螺母

这里是螺栓

螺栓

模板顶头

螺母

混凝土　　模板

Q 什么是隔件?
▼

A 为了保持模板之间间隔而使用的道具。

Separate 是分离的意思, 而 separater 是为使之分离而使用的道具。
这里是指为了使模板保持间距, 相互有一定距离而使用的分隔道具。
用隔件首先需要确定墙厚。隔件的端部是螺栓, 所以可以进行间隔的微量调整(图1)。用墙的厚度来确定模板之间的距离。混凝土是浇筑到模板之间的, 所以需要准确地保持固定的间距。

用隔件把间隔确定好之后, 两侧用模板顶头拧紧(图2)。混凝土凝固后, 混凝土上有隔件的金属配件凸出表面。同模板顶头一样, 隔件也是需要取下来的。

模板顶头固定后, 在模板顶头的螺母上, 与模板的孔对齐从两侧将模板压紧(图3)。这样, 才能保证模板之间的距离一定。

为保证模板不会从模板顶头滑出去, 需要把拉杆从外侧拧紧使之固定。

实际工程施工时, 先将一侧的模板用隔件和模板顶头以及拉杆固定好, 然后绑扎钢筋。钢筋绑扎完之后, 再将另一侧的模板用拉杆固定。模板的支撑方法可以简单明了地表示如下。

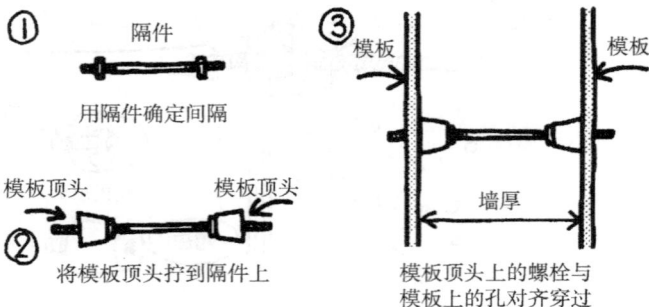

① 隔件

用隔件确定间隔

模板顶头　　　模板顶头

② 将模板顶头拧到隔件上

③ 模板　　　　模板

墙厚

模板顶头上的螺栓与
模板上的孔对齐穿过

Q 什么时候使用模板拉杆（form tie）？

▼

A 将隔件和模板顶头从外侧固定拧紧，坚实地固定模板时使用。

🔲 模板拉杆是固定（tie）模板（form）用的道具。

广义上讲，模板是包括金属配件以及支架在内的为浇筑混凝土而使用的框架。带模板拉杆的模板 = 模板，则是狭义上的模板，即用模板和方木做成的框架。为了固定此框架而使用的金属配件，称为模板拉杆。

隔件和模板顶头设置在模板内侧，从模板外侧用模板拉杆固定。通常还会用两根铁管夹住进行加固。铁管两根一组，横向放置，用模板拉杆的金属配件勾住，然后用螺栓固定好。

铁管也被称为单管，准确地说是用钢材制成，表面涂上亚铅，用来加固模板或脚手架等临时构件的。模板本身很薄弱，所以要用方木加固，一般在竖向放置方木。用来加固模板的方木称为支撑木。

模板、方木以及铁管一体化后，可以防止由于预拌混凝土的重量而造成的外侧模板的膨胀。预拌混凝土的重量为水重量的2倍多，所以有必要进行加固。隔件 + 模板顶头 + 模板拉杆是完整的一套金属配件。

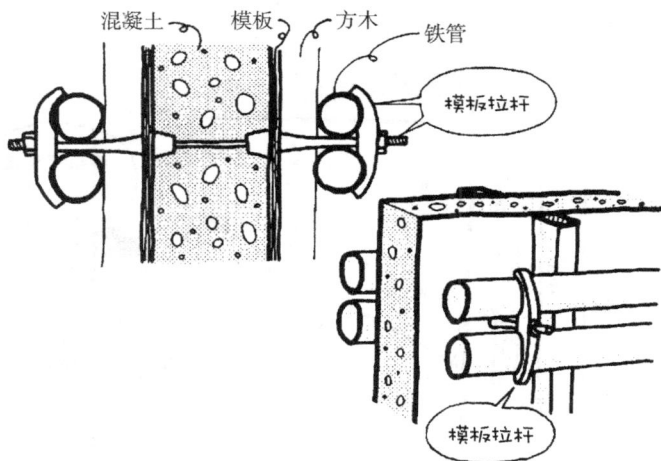

混凝土　模板　方木　铁管　模板拉杆　模板拉杆

Q 隔件等金属配件之间有多大间距?

▼

A 60cm以下。

根据位置和厚度会有所不同，但如下图所示的墙面布置，一般按横向45cm、纵向45cm的间隔布置，这样就形成了45cm的方形，看起来也整齐漂亮。若金属配件间距过大，模板会因无法承受预拌混凝土的重量而破坏。也可以按60cm的方形布置，但准确地讲，需要进行结构计算后决定。

板材的尺寸是90cm×180cm，正好是3尺×6尺，所以这种板材通常被称为三六板。如下图所示，如果按尺寸45cm、22.5cm进行分隔，就可以正好用完一整片板材，而1片板材上只用8个模板顶头就可以了。

另外，根据各部位的尺寸、是否在角落以及梁柱及施工缝等不同情形，通常模板的尺寸也会有所不同。

表面是清水混凝土的情况，如果模板顶头的位置排列整齐，墙面也会更漂亮，所以在设计阶段，就要把模板顶头的位置定好。但一般混凝土表面需要装饰的结构，在现场决定模板和模板顶头的位置就可以了。

模板1片
1800
225 450 450 450 225

模板1片
225
900 450
225

模板顶头按45cm间距

Q 电线如何放到混凝土中呢?

A 预先把管子埋设到混凝土中，电线从管子中穿过。

如果把电线直接埋设到混凝土中，砂石等的摩擦会损伤电线，而且如果需要重新布置线路的话，也没有办法实现。

通常把称之为CD管的易于弯折的树脂管子预先埋置在混凝土中，混凝土凝固后，将电线从管子中穿过。

CD管的CD是Combined Duct的省略，即"复合管道"之意，也被称为合成树脂制埋设可挠电线管道。"可挠"是可以简单变形、挠曲之意。

可以用插座箱来确定开关、插座的位置。顶棚上使用下图所示的端盖将电线斜向导出。

首先用树脂包好的钢丝线（如他喜龙线）穿到CD管中，另一端连到电线上并将电线拉出管道。如果线路比较短的话，直接把电线穿过去就行。另外，还可以把薄纱连在风筝线的一端，从管道的另一端用吸尘器把风筝线吸出来。

顺便说一下，把电线从管道中引出来的线，被称为导线，有把电线引导出来的意思。

在打设混凝土时，还要考虑到顶棚上因照明而需要埋入电线的问题，因为这时还没有形成能环绕电线的顶棚背面。打设混凝土之前，设备配管需要慎重考虑。

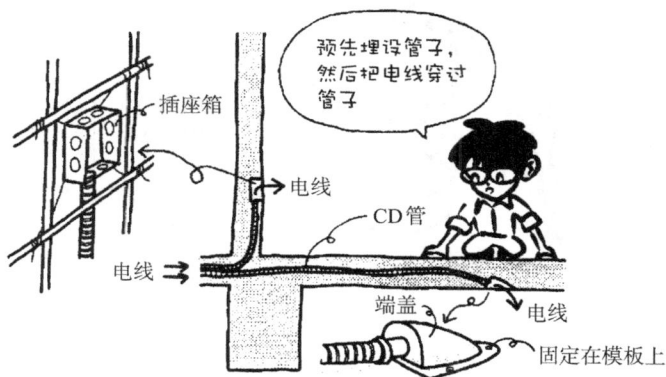

预先埋设管子，然后把电线穿过管子

插座箱
电线
CD管
电线
端盖
电线
固定在模板上

Q 电线管道大致可分为CD管和PF管，它们的区别是什么?

A CD管是将管道专门埋置到混凝土中用的，而PF管不易燃烧，所以不必埋设到混凝土中。

PF管的PF是Plastic Flexible Conduit的略写，直接翻译就是"树脂制柔软管"。PF管不易燃烧，所以不必埋到混凝土中，可以设置为暴露在墙壁的外面，或顶棚的周围。

　　　CD管→易燃→埋入混凝土专用
　　　PF管→非易燃→埋入或暴露在混凝土外面都可以

为防止管子破坏，两种管道均做成粗糙表面。
CD管埋置位置越靠近混凝土表面，混凝土表面越容易产生裂缝，所以，尽可能更深地埋置在钢筋内部。
另外，CD管是埋入混凝土的专用管，不允许露在混凝土外部，所以采用鲜艳的橘黄色。用橘黄色，一旦管子露出混凝土，会容易被发现。

表面粗糙的管子哟

CD管→埋入混凝土中专用的橘黄色!

PF管→可以露出混凝土，而且不易燃!

Q 楼板浇筑混凝土时，怎样做才能浇筑平整呢？

▼

A 用被称为蜻蜓抹的T字形抹泥工具或金属抹泥刀，能把混凝土抹平整。

蜻蜓抹是T字形的比较大的木质泥抹平工具（也有金属制的）。整理地面用的工具称为蜻蜓耙，与这里的蜻蜓抹形式相同。

浇筑的预拌混凝土用蜻蜓抹平整整齐。窄小的地方和有特别平整要求的地方，使用金属抹泥刀平整。

混凝土楼板上不抹水泥砂浆，而直接把塑料薄地板革铺在地面上，也是一种方法，但通常会抹3cm左右厚度的水泥砂浆（水泥+砂）找平层。也可以在混凝土浇筑后直接找平，通常称这种方法为一次性找平。混凝土表面粗糙的话，直接找平比较困难，所以通常用蜻蜓抹抹平后再用金属抹泥刀进一步平整。

建筑中把"蜻蜓"这个词用到了极致，如石匠、泥水匠用的工具以及图纸的标注等，但不管什么情况，都是因如同"蜻蜓"的形状而得名的。

Q 钢筋混凝土结构能像木结构那样做成坡屋顶吗?

▼

A 可以。

钢筋混凝土结构做成像木结构那样的坡屋顶时,也要像木结构那样,在坡屋顶上粘贴屋面材料,而且在屋檐上要设置天沟。为了使流入天沟的雨水流动顺畅,屋檐也需要下功夫做得像木结构那样细致。

如下图所示,屋面板倾斜度大,所以梁的高度变化也很大。模板、钢筋、混凝土施工都比平屋顶困难一些。

由于坡屋顶雨水的流动比平屋顶快,所以在外墙的外侧需要设置天沟来集中处理雨水。与栏杆在外墙壁的内侧收集雨水的平屋顶相比,不会有屋面漏水的问题。雨水较多的日本,使用坡屋顶是明智的选择。尽管屋顶无法上人是一个缺点,但能处理雨水却是很大的优点。

寒冷地区,通常在平屋顶上再架上木屋架,这种方法也被称为外设屋顶。屋顶上积雪后,如果用钢筋混凝土结构,那么屋内的热量会逃逸,但若是木屋顶,室内热量不易逃逸,而且积雪也容易清扫。

外设屋顶还会用到现役结构平屋顶的修缮上。现役平屋顶建筑,为了防止雨后屋顶漏水,也会修成外设屋顶。在屋顶上支上屋面材料后,就不必为雨后漏水而担忧了。在大型建筑上安装外设屋顶时,还会与钢材一起使用。

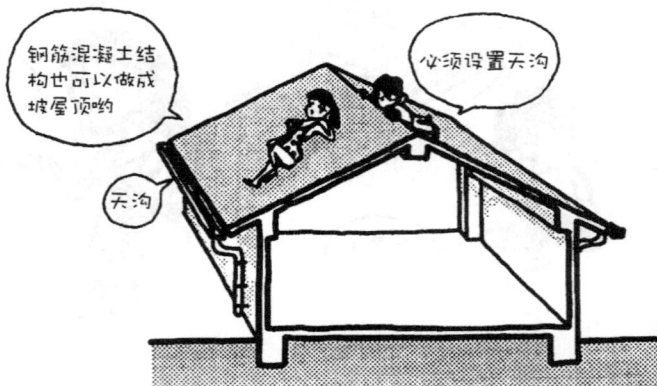

钢筋混凝土结构也可以做成坡屋顶约

必须设置天沟

天沟

Q 大坡度屋面的屋面板，怎样浇筑混凝土呢？
▼

A 做成跟屋面板同样厚度的模板，其上预留很多孔洞，从这些孔洞中浇筑混凝土。

大坡度屋顶浇筑混凝土不像平屋顶那样简单，浇筑过程中预拌混凝土会沿坡度向下方流动，造成最后堆积在坡屋顶下方的现象发生。

为了防止这种现象，只能做成带盖子的模板。为了使屋顶的厚度相同，做成屋面板那样厚的带盖子的模板。盖子上面预留孔洞，从这些孔洞中浇筑混凝土。浇筑混凝土要从底部开始，这样，浇筑的混凝土凝固后拆模，就能得到平整的坡屋顶了。

浇筑坡度长的屋面板时，混凝土有可能流不到最底部，所以需要在坡度不同的部位预留孔洞，然后从下部孔洞开始往上顺序浇筑混凝土。如果从上部孔洞开始浇筑混凝土的话，混凝土有可能从下部孔洞溢出，所以要及时处理，否则凝固后处理很麻烦。

楼梯也是用同样的方法浇筑混凝土的，按照楼梯的形状做出带盖子的模板，从上部开始浇筑混凝土。

综上所述，用混凝土做成坡屋顶比做成平屋顶有难度，而且现场施工管理也更复杂。

Q　水平的屋顶有什么名字吗?

▼

A　平屋顶

平屋顶的平是水平的意思。一般钢筋混凝土结构或钢结构都是平屋顶,比起有坡度的屋顶容易施工,屋顶也可以上人。

尽管是平屋顶,但屋面还是有1/100左右的坡度的。1/100的坡度,是指每前进100下降1,即每100cm下降1cm,每1000cm(10m)下降10cm。

"没有水平"这句话,是指连找水平的事情都做不好的建筑工人,据说是建筑工人之间互相蔑视时用的一句话。

平屋顶

钢筋混凝土结构和钢结构中多用平屋顶

Q 怎样把平屋顶做成 1/50 ～ 1/100 的坡度?

A 把钢筋混凝土结构做成坡屋顶很容易。

让屋面板有倾角的话, 支撑屋面的梁的高度也要变化, 随之而来的是屋面板的模板、钢筋也得斜向放置, 会给施工造成不便。所以, 通常是在做成普通平屋面的屋面板上, 再用砂浆 (水泥＋砂) 做成斜坡。但是, 用砂浆做出坡度的方法仅适用于面积较小的屋面和阳台等地方。

倾斜的钢筋混凝土屋面板上要铺上防水层, 贴上绝缘胶带, 然后再打 10cm 左右厚的轻质混凝土。

倾斜度 1/100 是指每前进 100cm 下降 1cm 的坡度, 如果是 1000cm (10m) 的话, 就下降了 10cm。

钢筋混凝土楼板最好做成倾斜的!

倾斜 1/50 ～ 1/100

1/100→每前进 100cm 下降 1cm
如果是 1000cm (10m),
就要下降 10cm

Q　用钢筋混凝土怎样做成楼梯?

A　先做成倾斜的板，然后再在板上做出阶梯。

如下图所示，把楼梯想象成是斜向楼板就比较容易了。用梁把板倾斜地架起来，再在板的上面做成阶梯形式，楼梯就做成了。

对于直线型轻质楼梯，支撑楼梯板的梁可以做在从墙体伸出的板上，这样，暴露在外面的楼梯上就不用设置梁，看起来更美观。

楼梯板中的钢筋形式比较复杂，除倾斜着绑扎的钢筋之外，还有跟楼梯形状相同的钢筋。当然，与这些钢筋交叉的方向上也有钢筋。

在倾斜的板上浇筑混凝土时，如果模板上没有盖子，如前面所说的那样，混凝土会溢到外面；如果从楼梯的上部开始浇筑混凝土，浇筑途中混凝土会因堵塞流动而无法到达下部。所以，通常会在模板的不同地方预留孔洞，从下部的孔洞开始往上有秩序地打设混凝土。

楼梯的最简单的装饰方法，就是在混凝土表面先用水泥砂浆进行美观处理，再在台阶上贴防滑瓷砖（有花纹的防滑瓷砖）或铺设金属防滑条。另外，也会采用只在踏板上贴有弹性的PVC层、瓷砖或石材等方法进行装饰处理。

钢筋混凝土结构上也会使用钢结构楼梯。

楼梯是斜向的板

打设混凝土很复杂

在板上做上阶梯

Q 柱子和墙体不做成直角，而是在45°的斜面切了一刀，为什么呢?

▼

A 预拌混凝土会在直角处浇筑不均（称为豆腐渣），被碰撞时容易剥落，所以不做成直角。

在45°斜面切一刀，也称为倒棱，是要把棱角去掉的意思。倒棱是用在木造柱子上的技术，根据切的面不同，结构样式也会变化很大，所以倒棱技术很重要。

一般倒棱用45°斜面切，但也会切成被称为圆形或"R"形加工的圆弧形。R是半径（radius），经常用于建筑上，是指要做成圆弧形状时，所取的半径是R的意思。

直角也可称为锐角，混凝土在锐角处不能很好地流动，会有砂石露出表面形成粗糙面（豆腐渣），拆模后要用水泥砂浆修整才行，所以对于拆模后非装饰墙面的整平，难度很大。

建筑师喜欢设计成有棱角的建筑，但还是要根据用途和位置来决定是否要做成有棱角的。

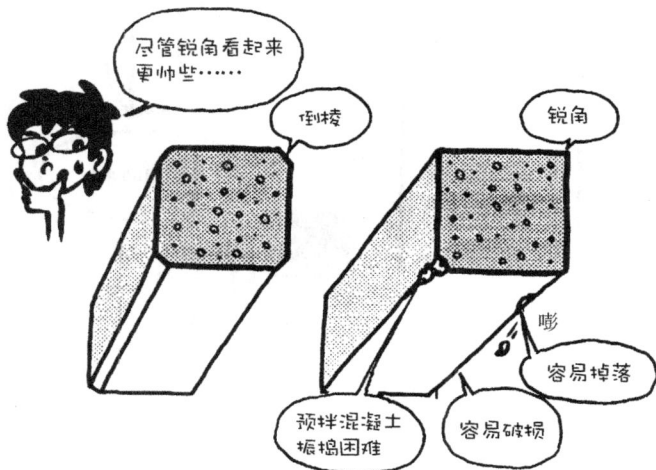

尽管锐角看起来更帅些……

倒棱

锐角

嘭

容易掉落

预拌混凝土振捣困难

容易破损

Q 1 为了倒棱而放到模板里的棒叫什么?
　　 2 为了做成施工缝而放到模板里的棒叫什么?

▼

A 1 棱木
　　 2 施工缝方木

在模板的角部放上棱木,然后打设混凝土,等混凝土凝固后拆除模板。棱木像文字描述的那样,可以用木材做成,也有用合成树脂做成的产品。

同样地,施工缝方木也是放到模板中的。施工缝方木既有木制的,也有合成树脂制成的产品。

棱木

倒棱用的木材
如字面意思

棱木
施工缝方木

Q 冷接缝是什么?
▼

A 先打设的混凝土凝固到一定程度后,再继续打设混凝土,所形成的两部分混凝土不能完全结合到一起的施工缝。

这样打设的混凝土墙面上,通常会看到像线条一样的纹路,目测就能发现。这些地方之后会成为结构易渗水等严重问题的原因,所以为了使稍后浇筑的混凝土能够与先前打设的混凝土基本形成整体,需要采取各种形式的冷接缝(cold joint)形式。

打设建筑墙壁的混凝土时,并不是一口气从下到上将一面墙全部打设完的,而是整个建筑的同一水平墙体巡回着从下往上打设,因此,如果前面打设的墙体搁置时间较长就会先凝固上,而后打设的混凝土与前期打设的混凝土之间就会产生冷接缝。

那么,就一口气从下往上打设混凝土不是更好吗?这样做会造成模板侧压过大,容易使模板产生变形。所以,通常是采用绕圈打设的方法。

为了防止产生冷接缝,会使用振捣器、棍子或用木槌敲打模板。笔者也在学生时代做过用木槌敲打模板的工作。

1999年山阳新干线的涵洞事故,是因为列车振动以及风压力作用,使得冷接缝处出现问题而脱开造成的。当然,也与混凝土中使用的砂子质量不好以及其他一些综合原因有关。

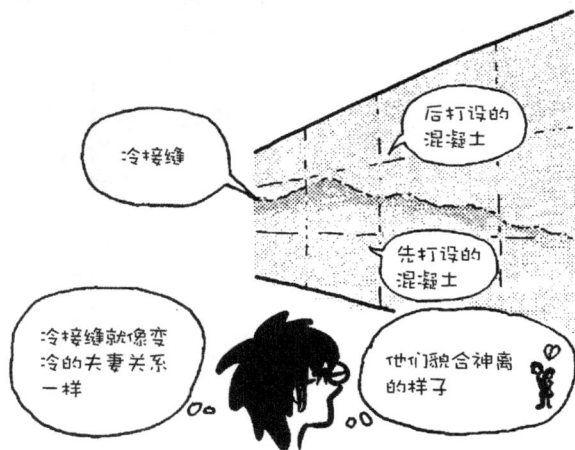

冷接缝

后打设的混凝土

先打设的混凝土

冷接缝就像变冷的夫妻关系一样

他们融合神离的样子

Q "豆腐渣"是什么?

A 混凝土表面露出砂石、出现麻点的状态。

"豆腐渣"也称为"麻点",混凝土的表面长的就像一种称为"雷米果"的甜点那样。

豆腐渣使混凝土不能形成整体,水泥浆(水泥+水)和砂石离析,砂石暴露在外。预拌混凝土如果不能坚固地打设好或因为模板形状过于复杂而无法均匀地打设,就会引起从模板缝隙溢流出水泥浆,而模板内仅留下砂石的现象,从而形成"豆腐渣"混凝土。

小规模豆腐渣构件部分,仅用砂浆就能修复好,但大规模豆腐渣部分会造成结构的缺陷,所以需要把豆腐渣部分全部取出之后,再用无收缩砂浆填充进去。无收缩砂浆是指在砂浆里搅拌进试剂,用以防止砂浆干燥时发生收缩。

为了防止豆腐渣工程的发生,需要紧固开口附近的模板,以防止水泥从模板渗出而造成水泥和砂石的离析。

Q 什么是风化?

A 混凝土或石材表面出现白色结晶的现象，称为风化。

混凝土内部的氧化钙遇水反应后产生白色粉状氢氧化钙、碳酸钙等而浮出表面。钙的化合物主要是白色粉的形式，在混凝土表面形成白色污垢。

风化（efflorescence）也被称为白化或游离石灰。英文的efflorescence原意是开花、结晶，而日文的"白华"是白色花束之意，但实际的"风化"却并不是那样漂亮的花朵。

广义上的石灰是钙质或钙质化合物之意，狭义上的石灰是指氧化钙（生石灰）、氢氧化钙（消石灰）等。这里所说的游离石灰是指钙质或钙质化合物，而真正意义上的风化，除了钙质化合物之外还有其他物质存在，但通常也被称为游离石灰。

风化尽管不会产生结构问题，但会影响建筑的美观。风化物可以用水刷掉，也可以通过涂抹防白化涂料以防止白化发生。另外，为了防止水分渗入到混凝土表面，刷涂料也是很好的办法。

通过冷接缝或裂缝等渠道，混凝土中的成分与水分同时析出表面，当水分蒸发后，混凝土表面会产生结晶现象，这种情况下，就需要对裂缝进行修补等处理。

Q 什么是浮浆?
　　　▼

A 打设的混凝土凝固时浮到表面的杂质。

浮浆(laitance)是灰白色凹凸薄层,就像煮东西时浮在表层的白沫。打设的混凝土凝固过程中,一部分水会浮到表面,水在混凝土中的上浮被称为呼吸(breathing)现象,与水同时浮出表面的还有一些杂质,使表面看起来很脏。
这些杂质是石灰粉末等,就像风化原理一样,是被离析出表面的。风化是混凝土完全凝固后慢慢从混凝土中离析出的杂质,而浮浆则是在混凝土凝固过程中离析出的。

　　　浮浆→混凝土凝固过程中离析出
　　　风化→从完全凝固的混凝土里面慢慢离析出

如果在有浮浆的混凝土表面继续打设混凝土的话,可能会造成混凝土不能形成一体的现象,也就是说,浮浆薄层会是混凝土整体化的障碍,所以,在混凝土施工面上的浮浆必须用硬刷子、研磨工具以及高压清洗等方法去除。
混凝土表面刷涂料时也要去掉浮浆,如果不去除浮浆就刷涂料的话,会使涂层剥落。

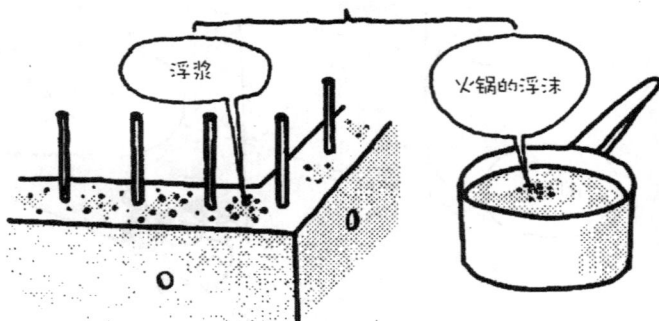

浮到表面的杂质

浮浆

火锅的浮沫

浮浆…混凝土凝固过程中离析出

风化…从完全凝固的混凝土里面慢慢离析出

Q 什么是锚具？

▼

A 像船上的锚一样，是把一个东西紧紧地固定到另一个东西上。

◆ 锚固螺栓是指用来紧紧固定东西的螺栓。将木结构的底座固定到混凝土基础上时，要使用锚固螺栓。锚固螺栓是在打设基础混凝土之前预先放置到模板中，并与混凝土浇筑到一起的。如果把锚固螺栓穿过木结构底座的孔洞，然后用螺母从上面固定的话，木结构底座就能锚固到基础上去了。

钢结构的柱子在基础上锚固时也是用锚具。更夸张一点地说，为了结构整体不从悬崖上落下来，会使用锚具把结构锚固在悬崖另一端的地基上。

锚具是在建筑中经常使用的词汇，所以要牢牢记住哟！

像船上的锚一样牢牢固定

别忘了锚固好哟

锚固螺栓

螺栓 ＝ 锚

木结构底座用锚具牢牢固定到基础上

Q 什么是chemical anchor？

▼

A 在已经凝固的混凝土中植入钢筋或螺栓（锚固）时，需要利用化学作用进行黏结、锚固。

Chemical anchor直接翻译就是"化学锚固"。如果仅仅在混凝土中钻孔并将钢筋插入，钢筋马上就会被拔出来。这时，为了将已经凝固的混凝土和钢筋一体化，需要将胶粘剂注入孔中。

化学锚固有各种各样的开发产品，通常是把试剂放在胶囊里，在钻出的孔中，插入钢筋或螺栓并将胶囊戳开搅拌，这时试剂会发生化学反应并硬化。

施工顺序如下图所示。首先钻孔并清扫孔洞，然后在孔内放入试剂胶囊并用插入的钢筋搅拌药品，放置一段时间之后，试剂会凝固从而使钢筋与混凝土一体化。

为了抗震加固而增设的混凝土、在役RC结构进行扩建、设置锚固螺栓增设新扩建的钢结构等，很多场合下都可以使用化学锚固方法。

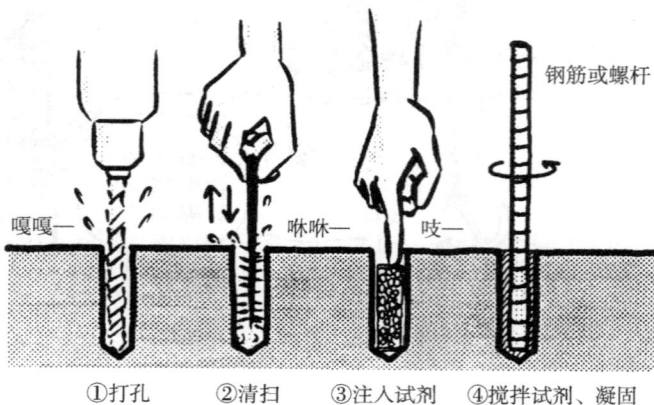

钢筋或螺杆

嘎嘎—　　　　　咻咻—　　吱—

①打孔　　②清扫　　③注入试剂　　④搅拌试剂、凝固

Q　什么是hole in anchor？
　　　　▼

A　是指由于击打螺栓头而在混凝土中膨胀，并无法从混凝土中拔出
　　　的锚具。

Hole in anchor直接翻译的话，就是"在孔内的锚固"（膨胀螺栓）。
如下图所示，在混凝土中钻孔并清扫，然后放入膨胀螺栓并敲打
螺栓头。这时，螺栓在孔内裂开膨胀，不能从混凝土中轻易拔出，
相当于在混凝土中加上锚固了。螺栓头部分可以用螺母拧紧，所
以这种方法是用简易金属配件就能实现的很方便实用的方法。缺
点是抵抗拉力的能力很弱，所以不能像植入钢筋或螺栓锚固等那
样用到结构上。

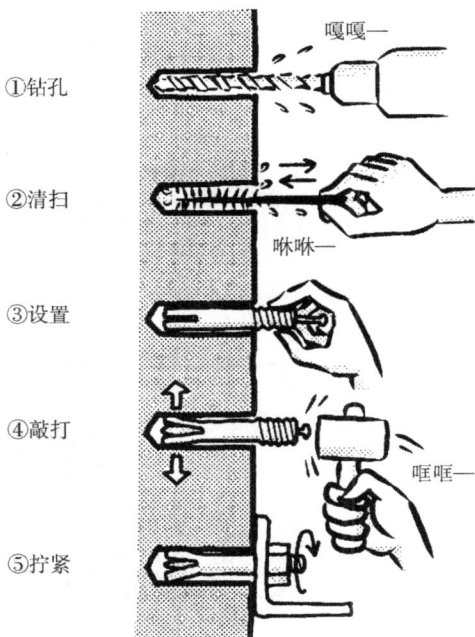

嘎嘎—
①钻孔

②清扫
咻咻—

③设置

④敲打
咣咣—

⑤拧紧

Q 什么是混凝土栓塞（plug）？

A 是为了能拧上螺栓并使混凝土不能拔出的锚具的一部分。

Plug有栓塞、填塞物之意，还有电子产品上用的插销的意思。这是个比较小的部件，是插入其他物品并栓塞的意思。

混凝土栓塞是用树脂或金属制成的圆形筒状物，中间有开孔，在这个孔中上紧螺栓后，周围会胀开，相当于把混凝土锚固住了。根据螺栓种类和直径的不同，市面上衍生出了各种各样的混凝土栓塞产品。

在混凝土上固定板、钩子或者扶手等只需轻轻固定的情况，可以使用混凝土栓塞。像螺栓锚固结构那样重要的工作，当然是不能用栓塞的。混凝土栓塞有时也会与膨胀螺栓一起使用。

从强度的角度看，锚固可以按以下顺序归结为：

　　化学锚固 > 膨胀螺栓锚固 > 混凝土栓塞

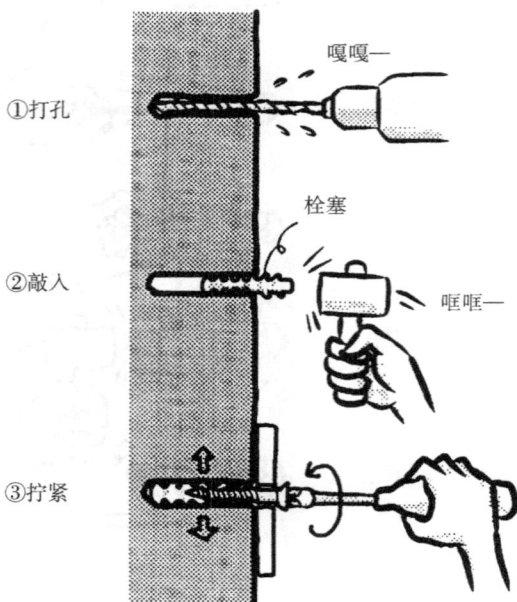

①打孔　　嘎嘎—

栓塞

②敲入　　哐哐—

③拧紧

Q 什么是混凝土钉？

A 直接打入混凝土的钉子，用于室内装修中。

■ 室内装修中经常将方木固定在混凝土构件上。例如铺木地板时，就是先将方木放到楼板上，然后在方木上铺木地板，使地板更柔软一些。这种情况就需要使用混凝土钉。

这种方法不必用钻具在混凝土上钻孔后再用混凝土栓塞塞住，而是直接用锤子将钉子钉入混凝土。混凝土钉的材料强度应该不亚于混凝土的强度，才不至于像普通钉木材的钉子那样轻易弯曲。

因此，在不需要很大承载力的室内装修中使用混凝土钉。

Q 什么是窗框锚具?

▼

A 是指被埋到混凝土一侧，用来安装窗框的钢筋等预埋件。

■ 铝制窗框安装到混凝土上时，不能像木制窗框那样用螺栓安装，需要在混凝土上预先埋置钢筋预埋件，然后焊接到上面。

下图所示①是作为窗框锚具用的钢筋，一般使用直径9mm左右（φ9）的；之后如图②所示焊接到钢板上。窗框和结构主体之间的间隔，有大概可以放入焊条的空间就行。

钢板如同窗框的滑轮一样，是为了能滑动到窗框锚具位置而设置的。预先决定其特别准确的位置还是有难度的，所以设置成可推动的。

图②的钢板也会被称为窗框锚具，而作为窗框锚具的钢筋，为了更简单地安装到模板上，被制造成各种各样的产品。

固定好窗框之后，窗框和结构主体之间的间隙用砂浆（添加了防水剂的防水砂浆）填充上，并在其外部雨水可能流入的地方，打入封闭材料。使用的封闭材料是硅脂系列的材料。为了防止移动，再将其两面都黏结上。

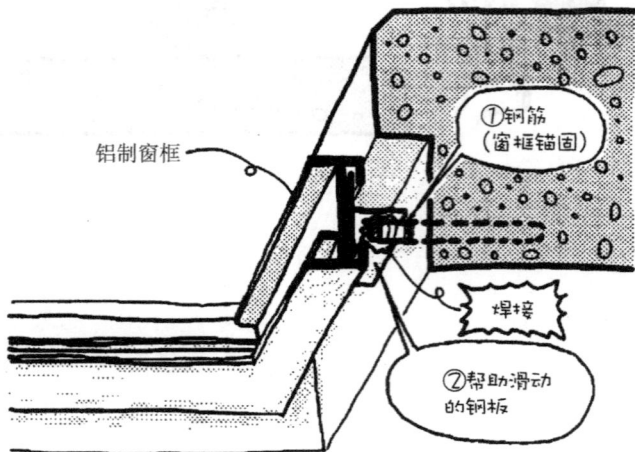

铝制窗框

①钢筋（窗框锚固）

焊接

②帮助滑动的钢板

Q 什么是埋入金属配件?

▼

A 预先埋入混凝土中的螺母。

指化学锚具、孔内锚具等,在混凝土凝固之后锚固用的。埋入金属配件一般放入模板内,然后打设混凝土,并被埋入凝固后的混凝土中。Insert有嵌入、埋入之意,埋入的金属配件是螺母,然后用外部的螺杆锚固。

埋入金属配件是用钢材铸成的铸件,市场上有各种各样的产品,使用这些产品时,通常要在图上注明埋入等字样。铸件是用金属等材料熔化注入模具制成的。

顶棚施工时,需要先把支撑顶棚的钢龙骨用滑轮吊装起来。吊装使用的螺杆直径约9mm左右,需要被固定到RC楼板上。通常也称此螺杆为吊装螺杆。

根据吊装螺杆的位置,需要在混凝土里预埋金属配件,并按横竖90cm左右的间隔布置。然后在吊装顶棚龙骨时,将吊装螺杆拧上用来固定。

埋入金属构件,如下图所示,通常布置在RC楼板的下部备用。

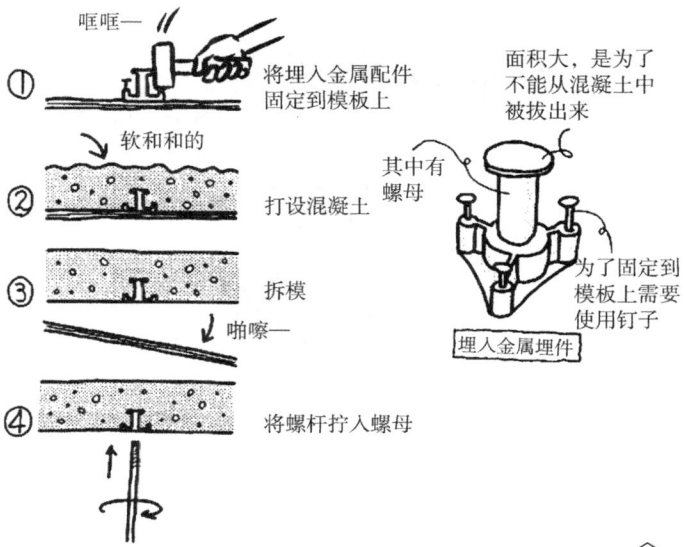

① 咣咣— 将埋入金属配件固定到模板上

② 软和和的 打设混凝土

③ 拆模 啪嚓—

④ 将螺杆拧入螺母

面积大,是为了不能从混凝土中被拔出来

其中有螺母

为了固定到模板上需要使用钉子

埋入金属埋件

Q 什么是箱形埋入金属配件?

A 是在混凝土中预先埋入的金属配件的一种,是用来固定悬吊木的。

◆ 这次嵌入的不是螺杆,而是板状的金属配件,并需要在这个金属配件上预留孔洞。使用时,在这些孔洞中钉入钉子或拧进螺栓,将悬吊木固定住。

当顶棚的龙骨使用木材(野缘木)做底材时,就要用到这种箱形埋入金属配件。

箱形部分是为了嵌入(insert)板而设置的,如果在混凝土中的埋深不够,就不能牢固地支撑板材,所以才做成箱形的。

箱形的埋入金属配件,也是按横竖90cm左右的间隔布置的,悬吊木材同样也按90cm的间隔安装,这样就可以用与木结构相同的方式把顶棚吊装起来。

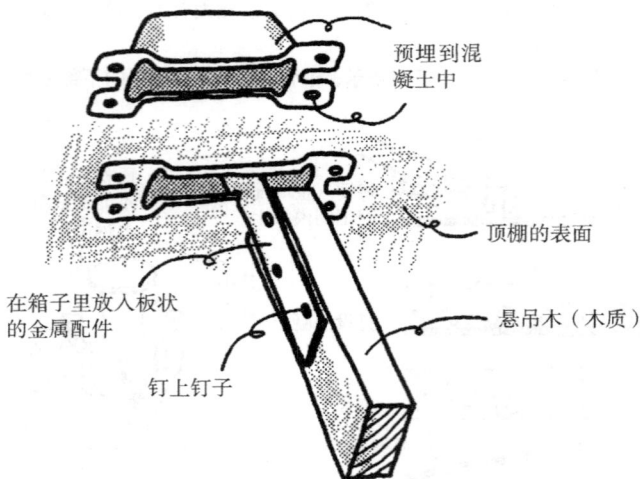

预埋到混凝土中

顶棚的表面

在箱子里放入板状的金属配件

悬吊木(木质)

钉上钉子

Q 在外墙的顶部，从平屋顶上凸出屋顶的部分是什么？

▼

A 女儿墙。

平屋顶上积攒的尘埃如果被雨水冲刷并顺着外墙流下来的话，外墙壁马上就会变黑了。不仅墙壁会变脏，如果雨水冲刷墙壁，还容易造成墙壁的损伤。

像盘子一样，如果把外墙的顶部做得稍微高出屋顶一点，就能防止雨水从屋顶流到墙上。我们称这个高出的部分为女儿墙（parapet）。即使只有女儿墙的墙厚那样的宽度，都有可能使雨水顺外墙流下来。为了防止女儿墙顶面的雨水流到墙上，通常把女儿墙的顶面做成向建筑物内侧倾斜的平面（内坡）。

尽管平屋顶的屋面是全部防水的，但由于防水层在女儿墙处会沿女儿墙竖立铺设，做好竖立铺设防水层是非常重要的，如果不好好做，容易造成雨季漏水和其他一些早期劣化现象发生。

8

防水

出屋顶的这部分就是女儿墙啦

让水停止啦

雨水向外流出的话会弄脏外墙壁哟

像盘子一样的原理

Q 平屋顶的防水有什么方法呢?

A 有沥青防水、防水布防水、聚氨酯涂膜防水等方法。

关于沥青,我们已经在R044部分介绍过了,沥青是从原油中提取出汽油、灯油、轻油以及重油之后的剩余物。因为是油,所以具有容易与水分离从而防水的性能。

沥青防水的做法是先铺上沥青布,再涂上加热后的沥青,然后再铺上一层沥青布,这样多次重复之后完成的。

如果是上人屋顶的话,在沥青防水层上面,通常再打设一层轻混凝土保护层。轻混凝土是指用轻骨料搅拌成的混凝土。

防水布防水,是用合成树脂制成的防水布通过黏结材料铺设到屋顶的方法。防水布和胶粘剂的性能也在提高,因此,经常与沥青防水方法共同使用。

涂膜防水方法,是指涂上用聚氨酯制作的涂料做防水层的方法。这种方法是先贴上打底层,然后在其上涂聚氨酯,再将被称为顶层雨衣的涂料涂到最顶层进行巩固。

另外还有不锈钢防水、FRP防水等各种各样的防水方法。

女儿墙的防水层因为是竖立的,所以这个部位容易成为漏水的原因。女儿墙相当于盘子的边沿,屋顶上的全部雨水会集中到这个边沿等待被处理。如果边沿防水做不好的话,马上就会出现漏水现象,所以女儿墙部分的防水施工工程,是最费神的地方。

原来有沥青防水、防水膜防水、聚氨酯涂膜防水等方法哟

防水层的竖立部位是如此重要哟

Q 在雨水排放口放置的金属配件叫什么?

A 通常称为雨水管、排水管。

雨水管（drain）被放到屋面板的开洞处，在这个部位的防水层，就像被卷到雨水管一样，所以要特别注意做好防水。

平屋顶上集积的尘土、垃圾也会集聚在雨水管处。为了防止雨水排放口被垃圾堵塞，一般会用网状的金属配件盖在雨水管上。

为了使雨水管上的金属配件不阻碍雨水向下顺畅流出，通常被做成从周边横向导水的方式。根据排水口位置的不同，需要选择不同的金属配件。

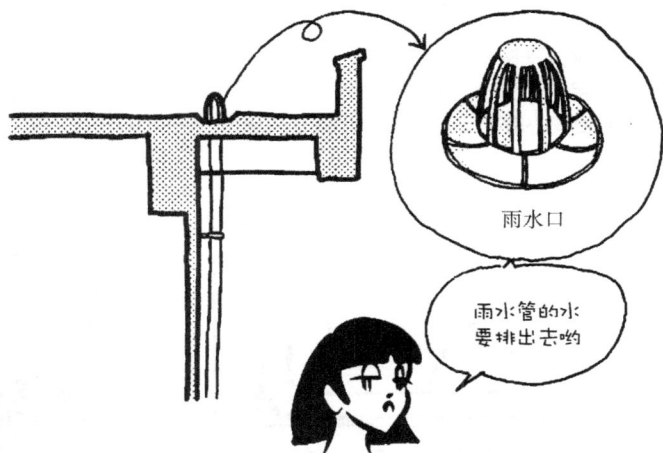

雨水口

雨水管的水要排出去哟

Q 女儿墙的顶部为什么要做成下巴的形状呢?

▼

A 是为防止防水层的竖向部分渗入雨水而做成这个样子的。

防水层的竖向部分可以用各种各样的方法收尾。采用沥青防水时,为防止防水层的竖向部分起鼓,通常使用压砖的方法收尾。这种方法中,收尾部分和防水层的竖向部分一起都被藏到女儿墙的这个下巴里了。用这个下巴覆盖着的话,就可以防止防水层和混凝土结构之间渗入雨水,而且收尾部分也同时能被保护起来。

下巴的下面留有一条细细的沟,这条细沟可以阻挡雨水向下流,我们称这个细沟为挡水沟。我们洗脸的时候,水会顺着脸向下流,但下巴是一个阻碍,会阻挡水的通畅流动。

使用防水布进行防水时,一般不会做成上面说的那种夸张的下巴,通常是把防水布折叠上卷,然后用长长的不锈钢板或铝棒压住,再用钉子固定。当然,如果做个下巴的话,防水效果会更好,也就更安心啦。

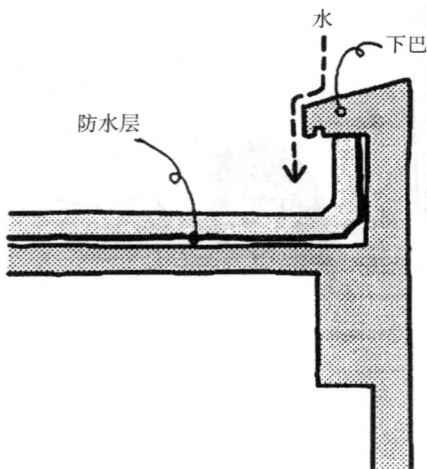

水

下巴

防水层

有下巴还是
有好处的啦

Q 怎么装饰女儿墙的顶部呢？

A 可以做成不锈钢压顶板、铝制压顶板，还可以贴石材、贴瓷砖、刷水泥浆、在打设好的混凝土上直接刷涂料或直接做成清水混凝土等。

女儿墙顶部不只是竖向防水层的保护，也是外墙的顶部，所以需要从防水性强、建筑美观的角度做好装饰。

如下图所示，如果是用金属制的压顶板把女儿墙盖住的话，防水上就不用担心了。压顶板是指水平搁置在阳台、外部楼梯扶手、扶手墙（半截墙壁）、女儿墙等顶上的防水处理。即便材料不是木材，习惯上也称之为压顶板。

在金属材料中，不锈钢材的耐久性好、强度高，但造价也高；也会采用铝制的，如果不考虑美观和耐久性的话。另外，镀锌钢板（彩钢）也会用来制作压顶板。

贴石材和贴瓷砖进行装饰也是个办法，但这种情况下，需要注意的是，如果在石材或瓷砖的接缝处出现裂缝的话，从裂缝的地方容易渗进雨水。

还可以通过刷2～3cm厚的水泥浆做成压顶板，但因为水泥浆容易出现裂缝，最好避免使用。

在打设好的混凝土上直接刷涂料也是一种装饰方法，但若混凝土中出现裂缝的话，涂料也会开裂，造成雨水渗入。产品中也有成膜后弹性好的涂料，但这种涂料也不是万能的。

对打设好的混凝土不作任何处理的情况下，除非是特别高的混凝土打设技术，否则就要进行表面修饰处理，如果不进行处理，就会造成雨水渗入，所以一般情况下要避免才好。

综上所述，如果预算许可的话，女儿墙的顶部最好还是做成不锈钢压顶板吧。

即便不是木材做的，也称为压顶板哟

压顶板

Q 为了清扫墙壁、窗户以及维修时使用的绳索，需要穿过金属配件。这些金属配件要安装在女儿墙的什么地方？

▼

A 安装在女儿墙的下巴上。

穿过绳索的金属配件，我们称之为吊装金属配件或圆环。

如果将金属配件安装在防水层的竖立部分的话，那么为了安装金属配件就要穿透防水层。安装在女儿墙的顶部会损伤斗笠，所以最好的安装位置是在女儿墙侧面的下巴处靠近鹰嘴的地方。

为了使金属配件与混凝土成为一体，需要将其埋入混凝土的深度为30cm左右。另外，为了防止被拔出，应与横向放置的大约60cm长的钢筋（或不锈钢棒）焊接到一起。因为像头发上的簪子一样横向露在外面，所以也被称为簪子筋，并在支模板阶段就要预埋金属配件，然后与混凝土浇筑到一起。

安装了这样的吊装金属配件后，结构检修时就非常方便。如果屋顶上没有这样的金属配件，绳索就没有地方固定，检修就很麻烦。

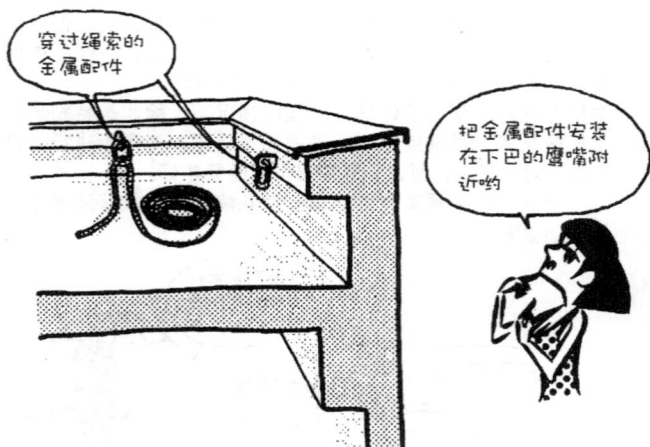

穿过绳索的金属配件

把金属配件安装在下巴的鹰嘴附近哟

Q 凸出屋顶的、内部只有电梯和楼梯的小建筑是什么？

A 塔屋或出屋顶电梯间（PENTHOUSE）

如果只有楼梯的话，就是出屋顶楼梯间；作为电梯的机械室时，称为出屋顶电梯间。有时候在一些高级住宅的屋顶上，也会做一些只有装饰功能的屋顶装饰建筑。

出屋顶塔屋上有进出用的门，因此需要考虑这里的防水问题。如果门槛与屋顶的楼面一样高的话，雨水就会很容易进入塔屋，所以需要做出防水层的竖立部分。

作为出屋顶电梯间使用时，要考虑电梯上到最顶层时，其上部需要多大的空间，所以这也是设计塔屋楼板位置时必须考虑的问题。根据塔屋的高度和层数计算出的面积，如果是建筑面积的1/8以下，按照法规规定，可以不计入建筑面积内。当然，这部分内容在法规上还有特别的规定。

塔屋，出屋面房屋，
楼梯间，电梯间

PENTHOUSE 貌
似在杂志上看到
过哟

Q 为什么塔屋的楼面要比屋顶的楼面高呢?
▼

A 为了防止雨水侵入所设置的防水层,其竖立部分的高度要保证。

塔屋和屋顶的楼板高度如果设计成相同的,那么防水层竖立部分的高度就达不到防水要求,如左下图所示。这时,即使不开门,雨水也会侵入塔屋内。

因此,如右下图所示,将塔屋的楼板升高50cm左右,就可以有防水层的竖立部分了。这样做,就像盘子边缘那样,雨水不会顺塔屋侧面流进来。也就是说,塔屋的墙壁也有必要像女儿墙那样设置。

塔屋楼板所提高的部分,需要设置1步或2步的台阶,这部分台阶就设置在防水层的上面。

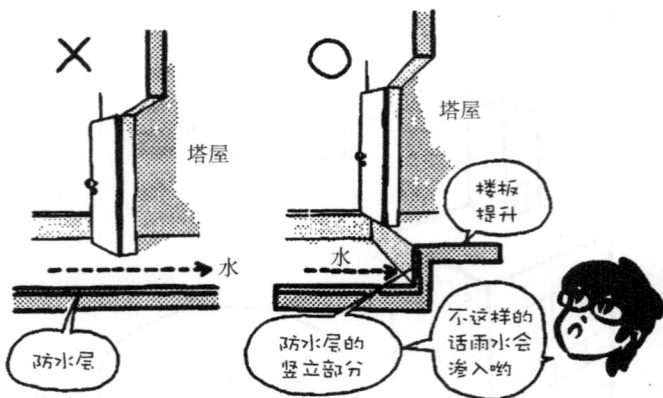

Q 有塔屋的屋顶，为了压住防水层的竖立部分，需要在塔屋的侧面墙壁或进出口处的下面做出下巴吗？

▼

A 如果可能的话，最好做出下巴，用来压住竖立部分的防水层。

⬢ 不做下巴的话，也有一些简单的压住竖立部分防水层的方法，但是，考虑到雨水的浸入问题，用下巴把防水层的竖立部分完全覆盖住是最安全的措施了。

塔屋和屋面交接处的防水处理是从塔屋根部的墙体上做出下巴，把竖立部分的防水层收在下巴里。如果在进出口的地方也做出下巴的话，那么下巴就会成为出入塔屋时的障碍。不过，也可以在下巴上面铺上防滑地砖（刻有防滑纹路的瓷砖），这样就可以解决出入不便的问题了。

如下图所示，塔屋的楼板比屋面板高出50cm左右，所以，如果在进出口处设置1步台阶的话，出入会更方便。这个台阶要做在防水层上面打好的混凝土上，而且这个台阶也需要用防滑地砖铺设。

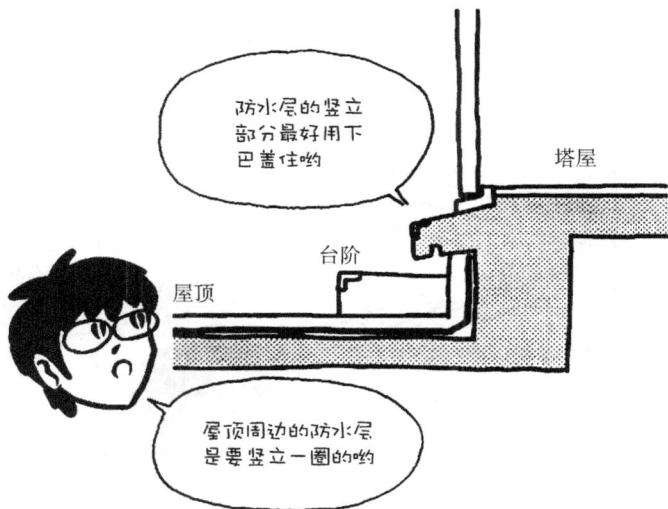

防水层的竖立部分最好用下巴盖住哟

塔屋

台阶

屋顶

屋顶周边的防水层是要竖立一圈的哟

Q 为什么要在防水层上面打设轻混凝土呢?

A 主要有两个原因:其一是为了防止防水层起鼓而将其压住;其二是可以避免脚踏、日晒以及风吹雨打造成的损伤。

大型屋顶的防水,经常在防水层之上再打设10cm左右厚度的轻混凝土。因为这是为了从上面压住防水层而打设的混凝土,所以也称之为压顶混凝土。

由于台风等强风会使屋面防水层起卷,防水层本身受到的波浪击打及内部水蒸气的膨胀等,会使防水层发生起鼓现象,所以需要从上面压住防水层。另外,对于上人屋顶,压顶混凝土可以防止人的行走所造成的防水层损伤,还可以防止日晒、风吹雨打所造成的防水层的劣化。也就是说,主要目的是为了压住并保护防水层。

轻混凝土,是指将普通砂石用轻质石材或人工轻质骨料(石炭燃烧后的残留物等制造的)代替后重量比较轻的混凝土。轻混凝土比普通混凝土的重量减少了将近一半,经常作为压顶混凝土使用。一般情况下,轻混凝土本身的强度还是没有办法承担结构荷载的。

压顶混凝土

是为了压住并保护防水层而打设的哟

防水层

Q 怎样才能防止压顶混凝土中产生裂缝？

▼

A 采用加入焊接金属网、预留伸缩缝等方法。

焊接金属网是用直径6mm（ϕ6）左右的钢筋，按纵横10cm左右的间隔（@100）焊接起来的，通常用符号"ϕ6@100"表示。如果将焊接金属网放入混凝土中，钢筋会在纵横方向发挥张力，从而减少裂缝的产生。

预留伸缩缝是指在混凝土上每隔3m左右用3cm左右的缝隙将其切断。这样，混凝土就变成非连续的了，可以防止混凝土在阳光下受热后反复膨胀收缩而造成的开裂。

把使混凝土伸缩的力通过伸缩缝隙逸散掉，所以此缝隙也被称为伸缩缝。通常再用沥青等材料制成的可伸缩材料填充到伸缩缝内。伸缩缝要一直通到防水层，也就是说，混凝土之间是互相不连接的。铺设在防水层之上的压顶混凝土，在施工浇筑时会被拖动，从而拖动下面的防水层，有可能造成防水层的损坏。因此，先在沥青上面铺设一层绝缘布，然后再在布上打设压顶用混凝土。

什么措施都没有的话，压顶用混凝土上会出现一条条裂缝哟

伸缩缝

焊接金属网片

Q 什么是沥青防水层的隔热工法?

A 在沥青防水层上面再铺设隔热层的施工方法。

如果在钢筋混凝土屋面板上铺设隔热层,那么钢筋混凝土屋面板就不会变得忽冷忽热,也就不会一会儿膨胀一会儿收缩了,从而能防止钢筋混凝土屋面板裂缝的出现。

室内有暖气的话,因为在屋面板上有隔热层,所以楼板热量不会逸散,其自身也会与室内一样温暖。因为混凝土的质量非常大,蓄热时需要的热容量非常大,因此使其变热很费力,不过混凝土一旦变热,冷下来也很难。

这是通常所说的一般隔热方法,就像用棉被从外面把建筑物包裹起来一样,从而使热容量很大的钢筋混凝土部分的热量不断补充到室内,所以室内温度变化不大,形成了适宜的生活环境。另外,还能使钢筋混凝土本身的膨胀和收缩变小,从而延长了钢筋混凝土结构的耐久性。

隔热材料通常使用3cm左右厚度的发泡材料,这种材料就像发泡塑料那样有很多气泡,并且在气泡中充入难以传递热量的气体。

以前的做法是防水层铺在隔热层上面。使用这种方法,当压顶混凝土等重量过重而压坏隔热材料时,会引发防水层下沉以及防水层的竖立部分断开等防水问题。这种故障的应对措施是在钢筋混凝土板上面先铺设好防水层。

施工顺序是:钢筋混凝土屋面板→防水层→隔热层→绝缘布→压顶混凝土

防水层

防水层之上是隔热材料

比把隔热材料铺到楼板下面有好处哟

Q 平屋顶的屋顶护栏扶手设置在什么地方呢?

▼

A 如下图所示，可以设置在女儿墙的压顶板上、女儿墙的下巴上，也可以设置在压顶混凝土之上的基础上。

■ 我们称支撑扶手的小柱子为扶手栏杆。那么，把扶手栏杆安装到什么地方呢? 这却是个出乎意料的难题，因为栏杆不能贯通到防水层里，但埋置过浅，倚靠扶手会有危险。

在压顶混凝土之上再做出20cm左右高度的基础，在此基础之上设置扶手，是最理想不过的方法了。压顶用混凝土抹平后，在其上预留钢筋，然后再做20cm左右高度的基础箱，在此基础箱上埋置扶手栏杆。如果是铝制扶手，要预埋螺栓，然后用螺母固定住。

设置到女儿墙上时，像前面讨论过的设置圆环方法一样，最好设置到女儿墙下巴的鹰嘴上，这样就伤不到压顶板，而且这里也是雨水不能浸入的地方。在女儿墙打设混凝土之前，要事先将用来支撑扶手栏杆的铁板预埋到女儿墙内，打设完混凝土后，再把扶手栏杆焊到铁板上。

若在女儿墙顶部压顶板处设置扶手，并使用金属压顶板，那么就需要在压顶板上开洞。这样，下雨时，雨水会落下流到孔内并从扶手的底部渗水，从而引起压顶板损伤等问题。

狭窄露台上加扶手的话，一般设在女儿墙的下巴上，宽阔屋顶上的露台，需要先做扶手基础，再在基础上设置扶手。

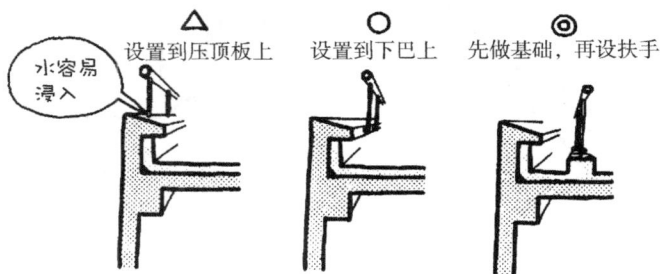

水容易浸入　△ 设置到压顶板上　〇 设置到下巴上　◎ 先做基础，再设扶手

Q 屋顶维修用的，紧贴墙面的梯子叫什么?

▼

A 维护用梯（trap）

trap日语也读作torappu，这个词一般是陷阱的意思。另外，排水用的S形管和U形管以及碗状的防止下水道气味上升的构件也用单词trap。建筑上使用的trap是梯子的意思。一般用在船上和飞机上的梯子，也习惯用trap这个词。

屋顶上如果有这样的维护用梯的话，维修时会很方便。另外，防水的检修及修补、雨水口的打扫，还有电视天线的调整等都能用到。

一般维护用梯使用直径为2.5cm（φ25）左右的不锈钢钢管做成。

浇筑混凝土之前，先将不锈钢板预埋到模板中，之后用螺栓或焊接形式将维护用梯固定住。

为了防止孩子们的恶作剧，一般维护用梯下部离地面有一定距离，需要抬脚才能登到梯子上。另外，为了防止坠落，也会在梯子周围加上栅栏。

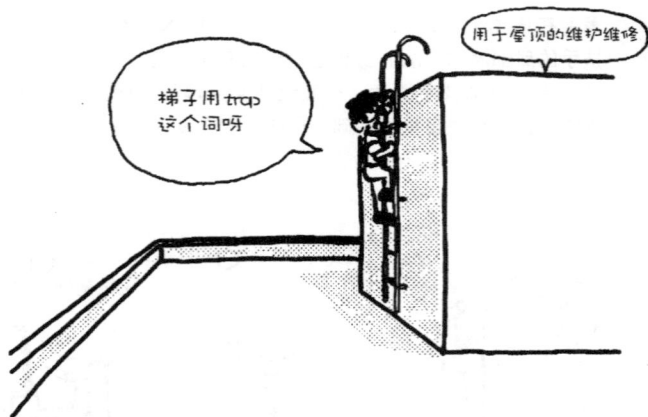

梯子用trap
这个词呀

用于屋顶的维护维修

Q 下到下面一层的洞口上，通常会有一个盖子，这个盖子叫什么?

▼

A 叫舱口（hatch）。

如果把hatch想成是潜水舰入口的话，就容易明白啦。像前面所说的用到船上和飞机上的词汇"维护用梯"（trap）一样，hatch主要是用在船上，是指为了进入船上的屋子而在甲板上留出来的带盖子的洞口。后来，不管是船上还是飞机上，带门的出入口都叫作舱口（hatch）了。盖子本身有时也被称为hatch。

建筑上的舱口（hatch），如在阳台上建的紧急避难出口就是有代表性的例子。打开舱口就会有折叠式的避难梯子，从梯子上下到下面一层的阳台上，从而达到避难的目的。大小50cm见方的洞口是为了人能进去而设计的尺寸。用作避难舱口时，为防止人直接落到下面，一般要把上下层的舱口错开位置设置。

用于地下设备室或机械室的出入口时，舱口（hatch）这个词汇也会登场，只是根据机械搬入需要而考虑是设置一个更大的舱口呢，还是并排设置两个但根据需要打开一个或两个。

这就是舱口

咔嚓

Q　什么是鸽子小屋（设备小屋）？

▼

A　防水设备管道需要贯穿屋顶时，会把防水层竖立起来并做一个出屋面小屋子，然后从小屋把管道导到屋面，这样的小屋被称为鸽子小屋。

如果让设备管道直接贯穿防水层的话，在管道和防水层的缝隙内会发生渗水现象，所以，就想出了做这样一个小屋的主意。因为这个小屋跟养殖鸽子的小屋子相似，日本通常把这个小屋称为鸽子小屋。屋顶防水层和鸽子小屋相交部位，也要做成竖立的，并且像女儿墙那样，要做出下巴并把防水层竖立部分收入下巴中，这样，下雨时也不用担心了。

在屋顶设有变电设备或大型空调室时，通常要求必须做鸽子小屋。排气管道在屋顶贯穿时，可以不做鸽子小屋。这种情况下，只需要把带金属配件的防水层竖起，让管道贯通就行了。但为了防止雨水渗入，在管道的上面需要做一个盖子。

也有不做鸽子小屋，而让管道直接越过外墙、女儿墙的方法。这种方法一般用于空调室外设备的冷媒管道或电器配线等。但这种情况，因为管线露在外面，所以会影响美观。

防水层竖立

鸽子小屋

不是养鸽子用的小屋哟

Q　为什么室内楼板比阳台板高呢?

▼

A　为了使防水层竖立并防止室内进水。

为了满足防水层竖立尺寸的需要，室内楼板要高出阳台20cm左右。
阳台板若与室内楼板高度相同的话，就需要在窗下面做出20cm左
右高度的墙体。出露台的窗户到楼板之间，需要留出清扫用的空
间，所以一般把阳台板做成低一点的。

所谓的降低阳台板高度，并非只是降低建筑标高而已，是指连钢
筋混凝土楼板的结构标高也要降低。如果钢筋混凝土楼板的结构
标高不降低，只是建筑标高降低的话，水还是会渗入的。

为了轮椅等无障碍通行的方便，需要做成等高度楼板时，通常会
在阳台楼板之上再增设一层隔板一样的可以把水引到下面的板。

阳台的窗户下面，由于雨水侵入而导致雨水渗入屋子的事情常有
发生，所以把阳台做成像屋顶那样的竖立防水，也是必要的。

为了防止水进入
而做成不等高的

窗户

阳台

防水层
竖立做法

← 水

钢筋混凝土的结
构标高也要降低

Q 为什么浴室的楼板比更衣间的楼板要低呢？

▼

A 为了满足防水层竖立部分的高度要求。

浴室的楼板跟屋顶和阳台一样，也需要满足防水层竖立部分的高度要求。防水层整体如果不做成像盘子那样的形状，水就会渗进来。

如左下图所示，如果浴室的钢筋混凝土楼板与其他部分等高度，由于防水层的竖立高度要求，就必须把浴室的门槛提高。从更衣室进入浴室时，就要跨过20cm左右高度的门槛进入，给使用带来不便，而且容易绊到脚。如果是造价低廉的住宅小区，尚可使用，但对于高档住宅公寓就欠妥了。因此，如右下图所示，通常把钢筋混凝土的楼板做出落差，使防水层的竖立高度满足要求。这样，就不会像上面说的那样要跨越门槛，而是下一步台阶了。

对整体组装的浴室，也可以用同样的方法。整体浴室本身就像盘子一样，所以直接可以盛水。但因为盘子也是有边缘的，所以竖立部分也要与普通浴室作同样的处理，即需要钢筋混凝土楼板有一个落差。如果钢筋混凝土楼板高度不变的话，也需要做20cm左右高度的门槛。

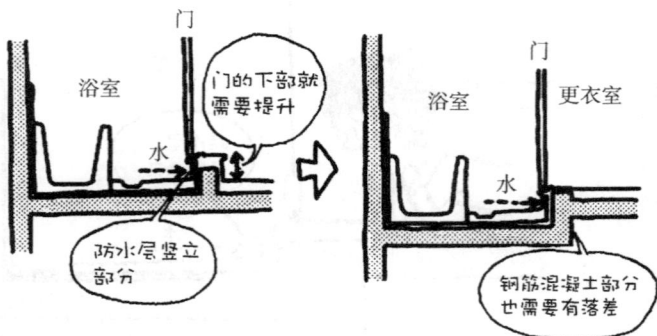

Q 为什么浴室与更衣室的楼板可以做成同样高呢？

A 如果要实现浴室与更衣室的楼面同高度，那么浴室入口处要做成沟状的，然后在上面铺上格栅板。这样，浴室的水被沟隔住就不能浸入到更衣室了。

格栅板是排水用的网状盖子，可以做成格子形状，也可以做成金属板上留出小孔状的。所用金属材料通常是做弹珠用的材料。

因为人要在浴室入口的沟上走动，使用做弹珠用的金属材料，格栅板有可能发生弯曲，所以，通常也会用几根角钢排成格栅使用。

前面讲的钢筋混凝土楼板的落差，通过沟＋格栅板等方法可以做成无落差的。房屋的门口玄关处，如果楼板也要做成无落差的，也可以用这种沟＋格栅板的处理方法。做成无障碍通过用的楼板时，要注意防水处理。排水管道若放在钢筋混凝土楼板上面的话，为保证浴室下面放置排水管道的空间，需要把楼板的落差做得特别大。商品住宅如果发生问题，需要在本住户内进行排水管道的检查修理，所以，原则上，要把管道设置到钢筋混凝土楼板之上。

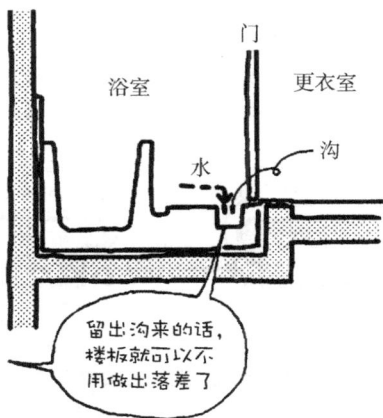

门

浴室　　　　更衣室

水　　　沟

留出沟来的话，楼板就可以不用做出落差了

Q 钢筋混凝土构件上安装窗框时，窗框不是直接被安装在钢筋混凝土墙壁上，而是在钢筋混凝土墙壁的内侧做出凹陷，然后在凹陷处安装窗框，这是为什么？

▼

A 因为从正面看封条会影响美观，防雨性能也不好。

窗框和钢筋混凝土结构之间的缝隙，为了防止雨水内侵，需要用封条密封，这时，如果在外面直接贴封条的话，封条会直接受阳光照射或雨水侵蚀，雨水容易渗入，引起损伤。这种密封方式相当于只用封条本身承担密封任务。

使用这种方法对钢筋混凝土结构本身也有要求，那就是端部必须做成精确的直角，才不影响美观。如果是贴墙砖或贴石材的墙壁，还可以做好，但如果是仅在混凝土上刷涂料的墙壁，钢筋混凝土结构本身必须严格做成端部锐角才行。混凝土的打设总会有缺陷的，如果在有缺陷的混凝土上直接将窗框固定的话，难免雨水会侵入。另外，由于墙面的不平整，在不平整处需要移动窗框才能安装。

如下图所示，如果在钢筋混凝土结构上收进一小部分，像下巴那样做成凹陷的话，在凹陷中放置窗框，然后用封条在凹陷内侧密封，雨水和阳光就不会直接接触到封条，从正面也不会看到封条，满足美观的要求。

钢筋混凝土结构内部做成凹陷再安装窗框的话，对防水处理也是有利的。顺便提一下，这种防水用的封条，一般用硅脂封条。

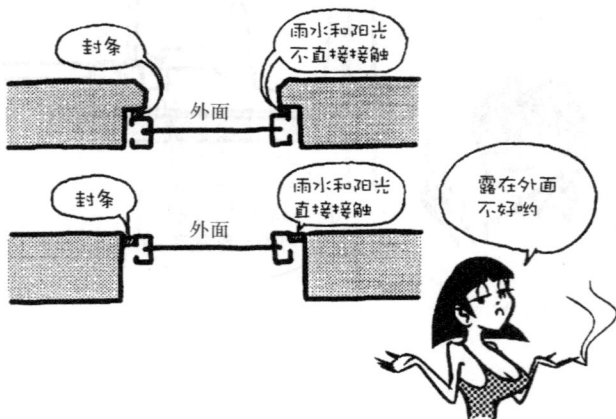

Q 为安装窗框，需要在RC结构上预留孔洞。这个孔洞的下边是什么形状的？

　▼

A 如下图所示，是向外有坡度的形状。

● 窗框的上边与窗框两侧相同，都需要在结构上做成凸出"下巴"的样子，那么窗框就安装在下巴的内侧。这种情况下，在窗框的上边使用的封条是朝上方的，所以雨水不容易渗入。在窗框的下边，考虑到万一雨水渗入也能够排除，所以做成向外有坡度的形状。RC结构做出向外倾斜的坡度之后，再在其上设置防水板。如果是铝制窗框，一般使用制成产品的铝制防水板。为了使落到防水板上的雨水能顺畅流到外面，防水板的端部通常做成挑出RC墙体的形式。

防水板和墙体之间用封条封好，防水板和铝制窗框之间也用封条封好。这里使用的还是硅脂封条。

9

建筑附属构件

上边凸出的"下巴"

雨水流不出的话不行哟

防水板

水

下边倾斜

Q 窗框和钢筋混凝土结构之间的缝隙，是用什么填充的呢?

▼

A 用防水砂浆填充的。

在钢筋混凝土结构一侧，要预埋钢筋等金属部件，安装时把窗框一侧的金属部件和结构一侧的金属预埋件焊接到一起，将窗框固定。结构一侧的金属预埋件称为窗框锚件。

为了把窗框锚件焊接到窗框上，需要留出焊接工具能够工作的空隙，或者说能把焊条放入的空隙。

窗框被固定之后，上述的空隙就会留在那里，这个空隙中容易流入雨水。可以考虑只用封条封住空隙的办法，但如果封条断裂，就会使雨水在无任何防范的情况下流入室内。

因此，通常用防水砂浆填充空隙。防水砂浆是在普通砂浆中加入防水剂，水分不易渗入的砂浆。砂浆是指"水泥+砂+水"，可以说，防水砂浆是在普通砂浆中加入药品。

窗框安装顺序如下图所示：①结构施工；②将窗框通过焊接而固定；③贴防水用的硅脂封条；④窗框和结构之间的缝隙用防水砂浆填充。

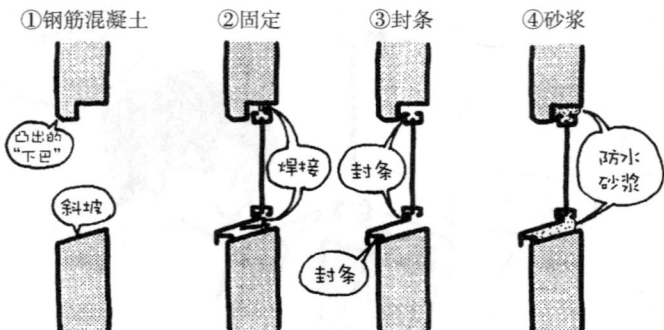

①钢筋混凝土　　②固定　　③封条　　④砂浆

凸出的"下巴"

斜坡

焊接

封条

封条

防水砂浆

Q   窗框的内侧为什么要安装木框?

▼

A   为了将内侧的板材和装饰都整齐地收纳到一起。

如下图所示,从外侧首先会看到凸出的"下巴",然后是窗框。窗框的厚度只有70mm或100mm,相比钢筋混凝土结构及其内部装修尺寸,要薄很多。厚度不够的部分就用木框补足。内装修用板材与木窗相接被收纳到一起。为了相接并固定,木框要比板材稍微大一点出来,通常木框比板材多出10mm左右,而此尺寸被称为木框的挑出尺寸。如果在木框上做出收纳板材用的凹槽,这样,即使使用很长时间也不会使板材与木框脱离。木框的上部和左右部分被称为贴脸板,下部为内窗台板。因为在木框的下部会放置东西,所以跟上部和左右部分的称呼不一样。但通常情况下,木框四周用的材料都是一样的。

木框一般使用25mm厚的板材,也就是说从正面看是25mm,这个尺寸被称为可见尺寸。可见尺寸大显得粗犷,尺寸小就显得纤细。另外,沿墙厚方向的尺寸称为可调节尺寸。

除了使用木框以外,也经常使用铁框和铝框。

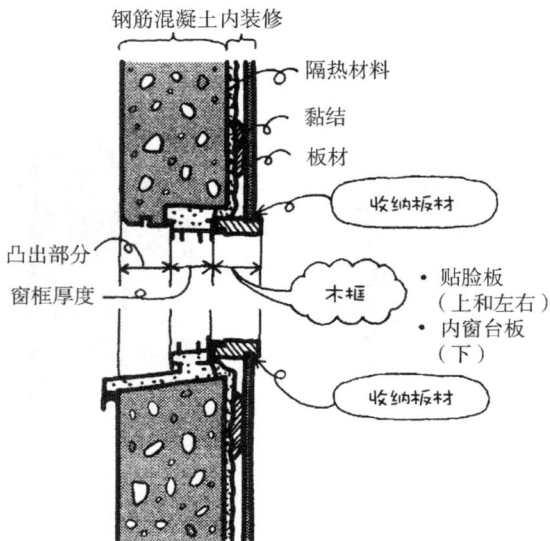

钢筋混凝土内装修

隔热材料

黏结

板材

收纳板材

凸出部分

窗框厚度

木框

• 贴脸板
  (上和左右)
• 内窗台板
  (下)

收纳板材

Q 怎样在窗框上安装木框（贴脸板和内窗台板）？

▼

A 在窗框上有"L"形的金属配件，用小螺钉把金属配件固定到木框上。

如下图所示，木框是安装在窗框和石膏板之间起收纳作用的。内装板材通常是被直接固定的石膏板，所以木框不能直接安装到石膏板材上。另外，石膏板材上也不能拧小螺钉，所以才将木框安装到窗框上。

铝制窗框内侧的四周，事先预留铝制配件，在此配件上将木框用木制小螺钉固定，就可以在窗框的四周将木框安装好了。

"L"形金属配件上，预留出小凹槽，以备小螺钉固定用。这个小凹槽是为了保证小螺钉拧入后钉帽平面与周边板材在一个平面内而设计的。这样，当小螺钉拧入"L"形配件内时，不会因为螺钉帽凸出在外而显得不自然。当然，螺钉的颜色也要和窗框的颜色相一致。

固定好木框后，再使用板材专用黏结材料，把石膏板材贴到隔热材料上。为了使石膏板材与木框相接并被很好地收纳，需要在木框上预先雕刻凹槽，这样就可以将板材收纳在凹槽之内。木框要比板材多出10mm左右，并称其为挑出尺寸。

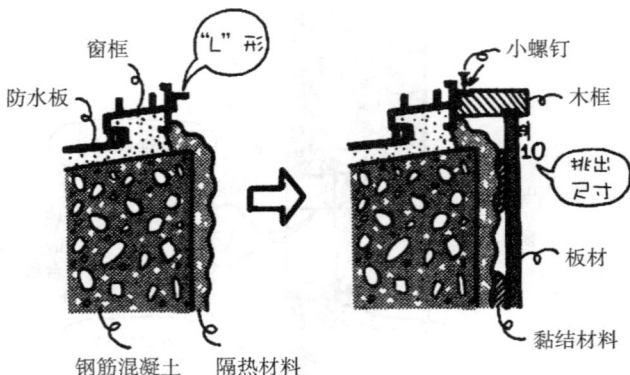

窗框　防水板　"L"形　钢筋混凝土　隔热材料　小螺钉　木框　10　挑出尺寸　板材　黏结材料

Q 钢门框怎样安装到钢筋混凝土结构上?

A 跟安装窗框一样,将其焊接到钢筋混凝土结构内预埋的金属配件上。

把被称为窗门框锚固的金属配件,预先用钉子固定到模板上,待混凝土凝固后拆模就有钢窗预埋件埋在混凝土中了。为了将钢门框简单地焊接到门窗锚固件上,通常是在钢框的内侧预留钢板,并将门窗锚固件与此预留钢板用"L"形金属配件等通过焊接连接到一起。门需要经常开关,为了防止经常使用而造成的损坏,要切实做好焊接处理。

然后,钢筋混凝土结构和钢框之间用封条封好。为了使雨水不易渗入,钢筋混凝土结构上通常做成凸出的"下巴"形状。

封条封好后,钢筋混凝土结构和钢框之间的缝隙用防水砂浆填充。填充方法与安装铝制窗框的施工方法完全相同。

钢框安装好之后是隔热材料的施工,然后将木框用小螺钉固定到钢框上,并在木框上刻出凹槽,留出挑出尺寸,就可以将石膏等板材收纳槽中了。

板材在木框里收纳的施工方法也与铝制窗框相同。有时也会不用木框,而直接将板材收纳到钢框里。

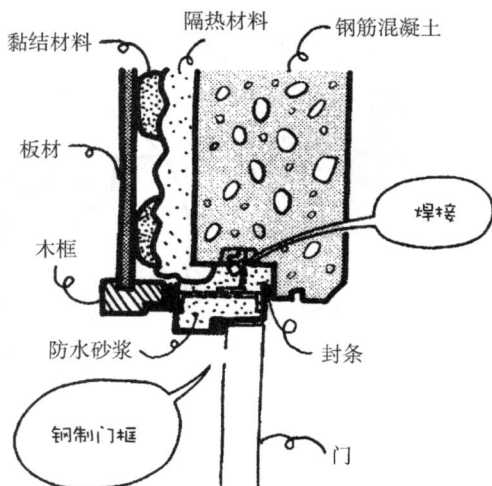

黏结材料　隔热材料　钢筋混凝土

板材

木框

焊接

防水砂浆　封条

钢制门框

门

Q 为什么钢门框的截面呈凹凸不规则形状?

A 为门挡而设计的。

如果没有门挡的话,在开闭时门就会转到对面方向。除了转门以外,一般单侧开启门需要有门挡。

用门挡使门停止,外面的气流不容易进入屋内,密实性好。另外,水也不易侵入室内。为了使密实性和防水性能更好,一般在门挡处放入橡胶材料。放入橡胶材料后,开关门时声音也不会很大,所以一般级别高一点的门都会在门挡处放入橡胶材料。

即使是室内用门,如供音乐用途的屋子,也会在门挡处放置橡胶材料。另外,需要关严的门,还会在门挡处设置强力把手把门关紧。这不仅是为了防止声音过大,同时也防止外面视线进入屋内。

为了做门挡,需要在门框上做出凹凸不规则的复杂形状。室内木框的门挡在正中间,所以是凸状的。

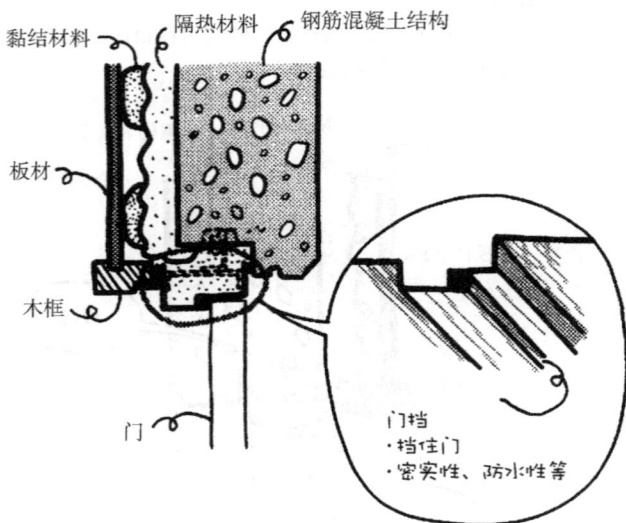

黏结材料　隔热材料　钢筋混凝土结构

板材

木框

门

门挡
・挡住门
・密实性、防水性等

Q 外门的钢门槛（脚踏板），为什么用不锈钢的?

A 因为鞋子会碰擦到脚踏板，所以用不锈钢的。如果用钢板加涂料的话，涂料会很快被磨掉的。

门槛的脚踏板，是因为鞋子会碰擦到故而得名。

门框内侧的上边和左右两边，用1.6mm厚度的钢材做成，并涂上涂料；只有下边用1.5～2mm厚度的不锈钢做成。如果下边也用钢材的话，涂料会很快脱落。不锈钢材料没有涂料，所以是不锈钢的颜色。

不锈钢的符号是"SUS"，有时会读成"萨斯"。为了表明铬和镍的含量不同，通常会在SUS的后面追加数字加以区别。建筑上经常使用的是SUS304，脚踏板也使用SUS304。

室内门框也一样，通常在上边和左右两边用木框，只有下部的脚踏板用不锈钢材料。通常会把室内门的脚踏板省略，只有上边和左右两边三部分。只有在楼板材料变化的地方，才放入脚踏板，作为材料变化的标志。

Q 什么是三边门框?

▼

A 指没有脚踏板而只有门框的上边和左右两边共三边的门框。

主要用于室内门框。不设门的墙上开口部分，也经常使用三边门框。楼板材料相同的地方，楼板是连续的，如果设置脚踏板，容易绊脚，比较危险，所以现今做法是不设脚踏板。这样做，无障碍通行的设计理念是原因，但同时也的确减少了建设费用。

只有上部和左右的门框如下图所示，呈凸形截面形式。因为正中间要设置门挡，所以是凸形截面。门挡凸出部分为12mm左右，其宽度为30mm左右。

门框的可见尺寸（能看到的厚度）一般为25mm左右。钢门框、木门框等的可见尺寸基本都做成25mm左右。这些门框一般出墙面10mm左右，所以记住门框的露出尺寸一般为10mm左右。

门挡是在门框安装完之后设置的。首先，将门框用螺栓等固定到中间柱子等结构上面。这时，是在安装门挡用的凹槽内侧用螺栓等固定的。门框固定好之后，把门挡嵌入凹槽处即可。因为门挡是从上部盖在凹槽里的，所以固定用的螺栓等部件从外面是看不到的。

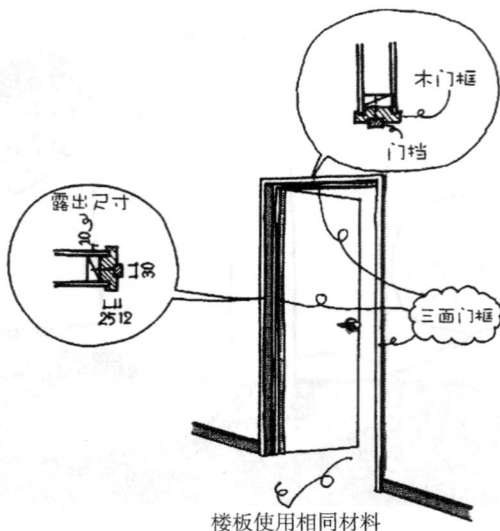

木门框

门挡

露出尺寸

25 12

三面门框

楼板使用相同材料

Q 室内门框的露出尺寸和踢脚板的宽度，哪个尺寸要更大些？
▼

A 露出尺寸要大一些。

■ 露出尺寸做大些，这样就会使踢脚板在与门框相交处很漂亮地收纳其中。

如下图所示，露出尺寸为10mm，踢脚板厚度为6mm，因为踢脚板凸出部分比较小，所以踢脚板会止于门框处并被门框挡住，看不到踢脚板的截面，利于美观。

如果踢脚板的厚度为15mm，当其遇到门框时，就会有5mm凸出门框暴露在外。踢脚板的一小部分露在外面，会觉得收纳不美观。

一般露出部分做成10mm，是因为踢脚板一般都在10mm以下，这样做看上去更美观。另外，10mm左右的话，从墙体向外凸出得不是很明显。过于凸出墙面，会使人觉得是一个障碍。门框的露出尺寸一般为10mm，可见尺寸为25mm，作为一般使用请牢记。

露出尺寸>踢脚板的厚度
收纳美观

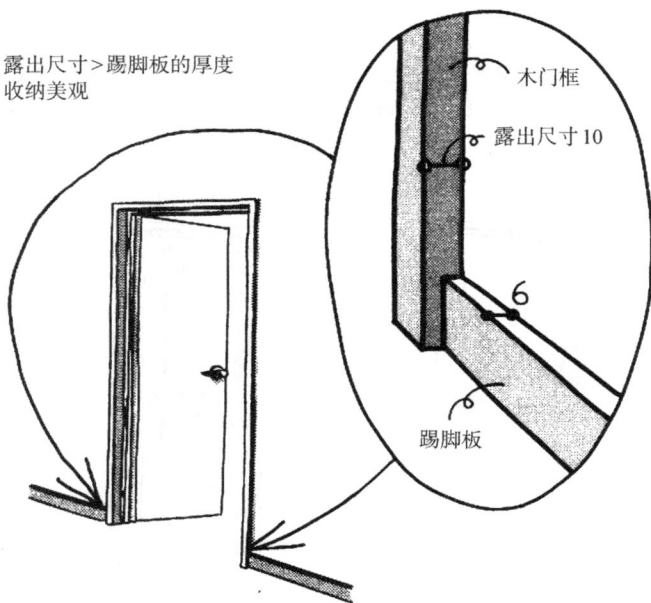

木门框

露出尺寸10

6

踢脚板

Q 什么是中空门？什么是嵌板框门？

A 中空门是指的表面用板材但内部是空的；而嵌板框门是指四周用框而中间用板材或玻璃做成的门。

中空门和嵌板框门都可以用钢、木或铝做成。

中空门是指在门的内部放入骨架，外表两面用板材盖上而成的门。骨架多的话，制作上也繁琐，所以经常将硬纸板、铝制材料等做成蜂窝状芯轴直接放入内部作为骨架使用。

蜂窝状芯轴（honeycomb core）是英文单词的直译，指蜂巢的中心。这是将像蜂巢那样的六角形组合后形成的一种芯轴，这种芯轴即使用很薄的纸张或铝板制作，强度也会很高。如果用作为隔热材料的预发泡苯乙烯（保丽龙）来代替蜂窝状芯轴放到门里面，能提高外门的隔热性能。

嵌板框门是指用框将内部的板材、玻璃或聚碳酸酯板材等框起来做成的门。木制嵌板框门因为门框本身及其内部板材的造价高，所以通常会比中空门价格要高。一般中空门用于厕所，而嵌板框门用于居室出入口。

嵌板框门中间使用的板材称之为嵌板，嵌板是能左右门的质感的装饰板，通常使用质地较好的板材。

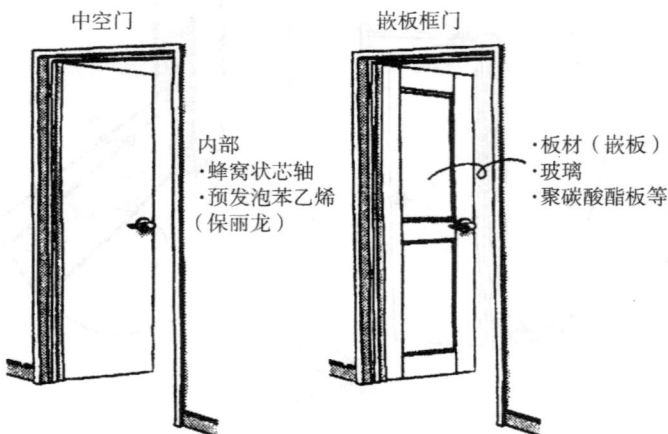

中空门　　　　　　　　　　　　嵌板框门

内部
·蜂窝状芯轴
·预发泡苯乙烯
（保丽龙）

·板材（嵌板）
·玻璃
·聚碳酸酯板等

Q 什么是门（窗）框?

▼

A 是指玻璃周围的框。

⬢ 我们称门（窗）或推拉门周边的框为门（窗）框。上面的称为上框，左右纵向的称为纵框，下面的称为下框，在正中间的为中框。也就是说，能活动的门、窗周围及其中间的框都称之为框。另外，日式建筑中设置在楼板端部的水平构件也称为框。门口上方形如"口"字的水平构件称之为上框，楼板之间有高度差时所设置的水平构件称之为楼框。

下框一般比上框和纵框粗壮一些。这是因为玻璃一般很重，下框要承受玻璃的重量，而且门滑轮滑动时需要有一个收纳滑轮的空间，所以下框会粗壮一些。

Q 什么是门窗框的垫片？

A 是指把玻璃镶嵌到门窗框里所需要的橡胶密封件。

一般来说，gasket是指为了保证气密性及水密性而在构件之间填塞的橡胶，另外，管道的接缝处填塞的橡胶，也称之为垫片（gasket）。尽管名称是橡胶密封件，但也并非都是天然橡胶制品，也有用合成树脂制作的橡胶。packing是用箱子打包时，在缝隙之间用有弹力的东西填塞之意。如果引申到用有弹力的橡胶填塞缝隙，也使用packing这个词。

另外，因为拉伸时会像橡皮筋一样，所以也称其为橡皮珠（bead）。bead的复数是beads，指串珠状的东西，也像橡皮筋一样的东西。

门窗框的组装顺序如下：

（1）根据框的尺寸切割玻璃

（2）在玻璃周围镶上垫片

（3）将玻璃和垫片装在框的一侧

（4）框的另一侧用螺钉固定完成组装

先将垫片整体放入一侧的框内，然后将框整体组装好。如果是铝框，用螺钉固定就可以简单地完成组装。

固定玻璃，不仅可以使用垫片固定，也可以用封条固定。小型门窗框用垫片固定的较多。

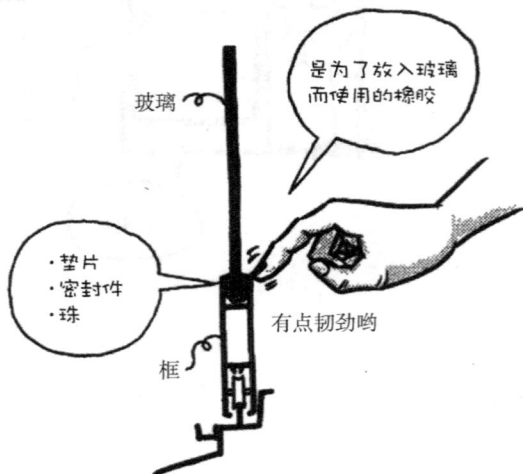

Q 什么是浮法玻璃?

A 是指把玻璃漂浮在熔融的金属表面上生产出的最普及的透明玻璃。

float有漂浮之意。这里是指漂浮在熔融的锡金属上。因为锡比玻璃重,所以玻璃会漂浮着。就像水与油不能混合到一起一样,锡和玻璃也不能混合到一起,做成的玻璃平面很光滑。

早期的玻璃制作,是将熔化的玻璃倒在铁板上进行的,当时也开发出了制造更平滑玻璃的方法。现今最常用的方法是:在熔融的锡金属上面倒入熔化的玻璃,玻璃漂浮在金属锡上面而制成。

就像金属锡用于焊接一样,其熔点为232℃,在较低温度时就变成液体,而且不像铅那样有毒。因此,制作玻璃时,在浮罐(使玻璃漂浮的容器)里的熔融金属多用金属锡。

浮法玻璃的别称有浮法玻璃板、普通玻璃板、透明玻璃等,其厚度有2mm、3mm、4mm、5mm、6mm、8mm、10mm、12mm等各种尺寸,但其中经常用的是4mm和5mm厚度的玻璃。住宅建筑中用的最多的是5mm厚度的。2mm和3mm厚度的玻璃板容易破碎,特别是2mm厚的玻璃在台风等强风作用时有破碎的危险。

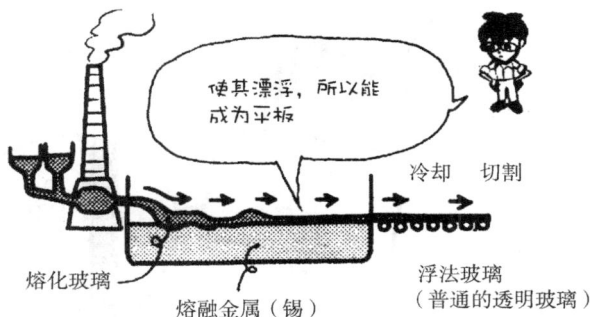

使其漂浮,所以能成为平板

冷却　切割

熔化玻璃　　熔融金属(锡)　　浮法玻璃(普通的透明玻璃)

Q 什么是压花玻璃?

▼

A 玻璃的一面有凹凸不平的花纹,是不透明玻璃。

压花玻璃是有凹凸不平花纹的玻璃。从浮罐中出来的浮法玻璃,使其通过一个通道,通道的一侧带有花纹,这样,只是玻璃的一侧凹凸不平而已,就能变成非透明玻璃。

压花玻璃也被称为花纹玻璃,一般用锯齿状不透明花纹,但也有植物纹路以及花纹路的成品。

厕所或浴室的玻璃常用压花玻璃,露台上的窗户经常在上部使用透明玻璃,而下部则用压花玻璃。

磨砂玻璃尽管使用的量不大,但也作为一种不透明玻璃被使用。磨砂玻璃是将砂或研磨剂吹到(也称为喷砂)玻璃上使其产生细微划伤,从而变成不透明玻璃的。与压花玻璃相比,磨砂玻璃显得更细腻。

另外,也可以仅在透明玻璃的下部设计成形状像云一样的花纹。这种玻璃需要特别订购,费用也会增高,但在店铺设计中还是会用到。

压花玻璃是指不透明的玻璃哟

只有一侧有凹凸不平的花纹

Q 中空玻璃和夹层玻璃不一样吗?

A 不一样。

中空玻璃是指两层玻璃中间有空气,能提高玻璃的隔热性能。夹层玻璃是指用树脂和玻璃组成的三明治形式的玻璃,不易破碎。

中空玻璃也称为双层玻璃(pair glass),是指玻璃和玻璃之间封闭有空气,而空气不易传递热量,而且被封闭在狭窄的空间内不能产生对流,所以能大大提高隔热性能。

玻璃和玻璃的端部,用能保持间隔的构件和封条固定,将其内部的空气封住。内部空气混合有很多水蒸气时,玻璃会遇冷结露,在内部形成水滴,而内部形成的水珠,从外面的玻璃上是无法清理的,所以需要将空气干燥后封闭在玻璃中间。另外,可以将干燥剂置入保持间隔用的构件里面。

也可以用氩气代替干燥空气封入玻璃之间。用在灯泡或荧光灯里的氩气,是不易导热(热传导率低)的惰性气体。

有时,两层玻璃会做成内侧玻璃薄、外侧玻璃厚。这是因为如果两层玻璃同样厚度的话,像击鼓原理一样,容易产生共振现象,从而不能有好的隔声效果。

夹层玻璃是用玻璃和树脂组成的三明治形式的玻璃,这种玻璃不易破碎,所以也被称为防盗玻璃。可以把能阻挡紫外线的半透明金属膜夹在玻璃中间。

在中空玻璃的外侧再使用夹层玻璃的方法,会同时提高隔热性能和防盗性能。

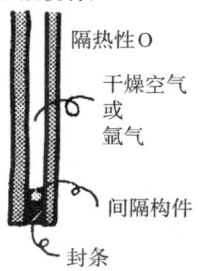

中空玻璃
(双层玻璃)

隔热性O

干燥空气
或
氩气

间隔构件

封条

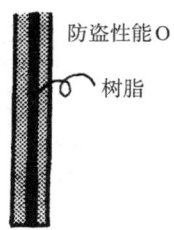

夹层玻璃

防盗性能O

树脂

Q 什么是夹丝玻璃?

▼

A 发生火灾时，即使玻璃破碎但碎片也不会掉落的在玻璃中加入网状线的玻璃。

网被做成方格状的十字线，也有做成45° 倾角菱形线的。在从浮罐出来的玻璃中植入网，然后冷却玻璃，就得到夹丝玻璃了。通常这种玻璃被做成6.8mm的厚度。

普通玻璃打碎后碎片马上会掉落下来，但夹丝玻璃因为有丝线拉住，所以打碎后不会轻易落下。植入丝线是为了防止玻璃打碎后的四处飞落。

需要解释的是，不要误以为植入丝线的夹丝玻璃是有防盗性能的。这种玻璃被打碎时，因为有丝线做成的网，所以玻璃的小碎片不会脱落，但将破碎的玻璃片用手取下来，在玻璃上开洞还是很简单的事情。因为网是用钢丝做成的，钢丝与玻璃的热膨胀系数相差比较大，所以日晒后收缩膨胀时，由于热膨胀系数的不同造成玻璃破碎的现象也时有发生。这种现象称之为热裂解。也就是说，夹丝玻璃会在没有受到任何外力的情况下发生破碎，这是因为热裂解而致碎的。

如果玻璃的切断面里渗入水分，因为丝线是钢丝，所以会产生锈蚀。生锈后的钢丝膨胀也会造成玻璃破碎现象的发生。这种现象称之为锈裂现象。所以，热裂解和锈裂现象是夹丝玻璃的短处。

钢丝也可以做成非网状的，比方说只在纵向或只在横向植入钢丝，这种夹丝玻璃被称为单向夹丝玻璃。夹丝玻璃能防止玻璃在破碎时碎片四散，但其防火性能却没有得到认可。

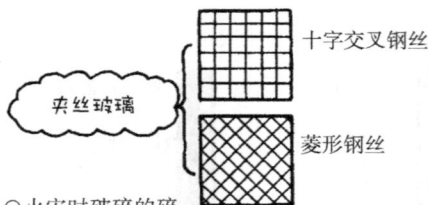

十字交叉钢丝

夹丝玻璃

菱形钢丝

○火灾时破碎的碎片不会四处脱落
×会有热裂、锈裂和防盗性问题

不能提高防盗性能，真的很意外哟

Q　什么是钢化玻璃?

▼

A　受到冲击或荷载作用时，强度能达到浮法玻璃3 ~ 5倍的特殊玻璃。

浮法玻璃加热后再急速冷却，就形成了强度高的钢化玻璃。这种玻璃在被打碎的瞬间会变成很细小的碎片，而不会形成尖锐的碎片，所以对人来说是安全的。

汽车前窗玻璃就是用钢化玻璃和胶膜形成的三明治式的玻璃。为了避免玻璃打碎时接近粉状的碎片进入眼睛等危险事情发生，会将钢化玻璃做成夹层玻璃。

钢化玻璃被广泛应用于现今的建筑中，例如被应用于大型玻璃墙面、玻璃扶手及玻璃楼板等地方。

新车展示厅的大型玻璃墙面、建筑中庭空间用的玻璃面等，都是日常生活中经常见到的大型玻璃墙面。大型玻璃墙面一般不设门窗框，或即使有门窗框也做得几乎看不出来，所以有时会意识不到玻璃墙体的存在，这是这种大型玻璃墙体的缺点。因此，通常会在与视线等高的地方贴上标志，以防止碰撞玻璃墙体等事件的发生。

使用钢化玻璃制作的扶手，与钢管扶手相比，不仅从设计的角度看增添了美观，而且不易脱手，所以从安全的角度看也是有益处的。

为了看清脚下的遗迹、城市模型以及景观等，通常做成玻璃楼板。这些都是钢化玻璃在各个方面的不同应用。

Q 纱门窗用的是哪种网线?

▼

A 合成树脂的萨冉网线、钢丝网线、铜丝网线等。

用的最多的是萨冉网线。萨冉是指聚偏二氯乙烯系列的合成纤维。这种合成树脂纤维的耐水性(吸水系数基本接近0)好,具有难燃性,其耐药品性能也非常好,并且不易生霉菌。萨冉网比较轻,用小刀片就可以简单地切割,但其强度相对较高,即使被拉伸也不易拉断。

萨冉网的颜色有绿色、蓝色、灰色及黑色等,其中经常使用的是灰色。

纱门窗的框上会做出沟槽,萨冉网就被嵌在沟槽里,然后在其上面覆盖橡皮绳,再用专用的滚筒将橡皮绳压紧固定,压紧后再将多余的萨冉网裁去即可。习惯后即便是非专业人员也能做得很好。

萨冉这种合成树脂,最常见的是用在保鲜膜上。最初是美国的两位技术人员在野外野餐时得到的灵感,因为他们的妻子的名字分别是萨拉和安,所以就把这种材料取名为萨冉。

钢丝网比萨冉网的价格高出3倍左右。一般用于造价比较高的大型建筑中,而且与萨冉网相比,钢丝网的优点是不易破断。玻璃破碎时如果碎片撞到萨冉网上,萨冉网会被割裂,但钢丝网则不会被割裂。铜丝网目前使用得还很少。

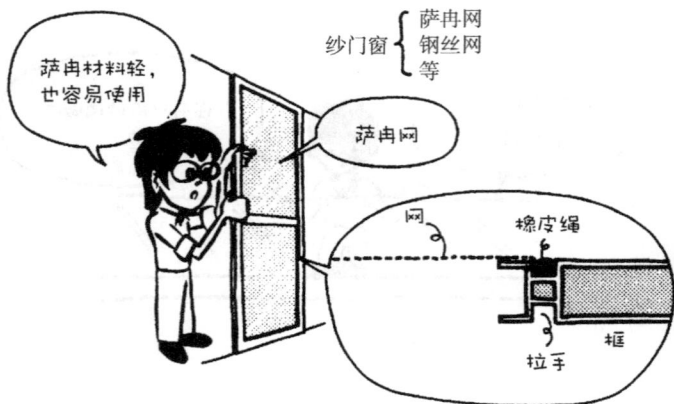

萨冉材料轻,也容易使用

纱门窗 { 萨冉网　钢丝网　等

萨冉网

网　橡皮绳

框

拉手

Q 什么是聚碳酸酯板?

▼

A 是具有高强冲击性能的一种塑料。

■ 车库屋顶、遮阳板、阳台挡板、内装修的框门窗（框门窗：用框将板和玻璃等围起来而做成的门或窗）等地方经常使用这种材料。通常称聚碳酸酯为PC材料。

与玻璃的自重大、易割裂的缺点相比，聚碳酸酯具有质轻、不易割裂的优点。玻璃的质地硬，所以不易划伤，但易割裂；而聚碳酸酯的质地柔软，所以容易被划伤，但不易割裂。

聚碳酸酯具有不易燃的特点，但并非具有不燃性能。另外，因为容易被划伤，所以不能代替透明玻璃用在窗户上。但由于其柔软性好并有韧性，所以会放在夹层玻璃中，用于制作防盗玻璃。

内部中空的聚碳酸酯中空板（twin carbo）也经常用在建筑上。即使是聚碳酸酯这样的材料，如果被用到厚度大的板上，也会比较重，所以会在中间做出中空层，这样的板材不易弯折而且比较轻，缺点是不透明。

中空板经常用在内装修的框门窗上。另外，由于中空层能提高隔热性能，所以也会用到高悬窗上。

把聚碳酸酯中空板用玻璃专用两面胶粘贴到玻璃窗户的内侧，能大幅度提高窗户的隔热性能。所以，可以把这种材料用到对透明不敏感或结露严重的窗户上。

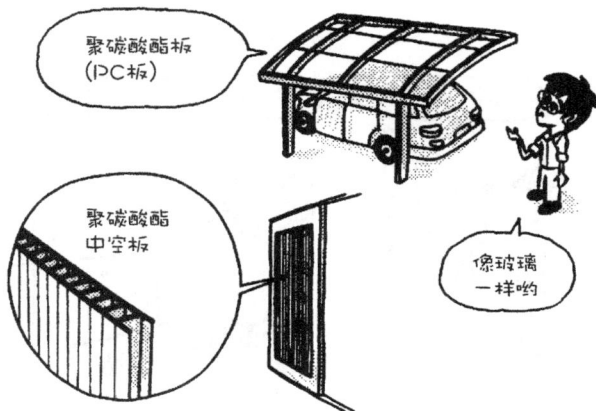

聚碳酸酯板
（PC板）

聚碳酸酯
中空板

像玻璃
一样哟

Q 作为混凝土外墙标准装饰的刷涂料、贴瓷砖以及清水混凝土这几种方法，防污能力的强弱顺序是什么？

▼

A 贴瓷砖 > 刷涂料 > 清水混凝土

尽管在清水混凝土表面通常会涂刷具有防水作用的硅制材料防水剂，但其效果只能保持5 ~ 10年。清水混凝土表面由于易产生污垢、霉菌、擦伤以及黑斑点等，容易影响建筑美观。维修和检修如果不按照5年左右的短周期进行的话，混凝土表面也容易损伤或弄脏。

刷涂料是在混凝土表面形成一层涂膜，所以能够掩盖墙面的污点，而且防止水分向内部渗透，所以相比清水混凝土不易弄脏，而且耐久性也比清水混凝土好。但建成大概10年之后，晒不到太阳的北墙面等地方会有明显的黑色霉点，而且由于雨水顺窗子流下而残留的痕迹也会渐渐出现。尽管含光触媒涂料、含防霉剂等的涂料现在也在出售，但其效果也是受到限制的。而贴瓷砖墙面，即使建造20年之久，墙面的污垢也不会很明显。这是因为瓷砖的材料就是制造饭碗的材料，我们知道饭碗是较难弄脏的。

建设时的造价多少有点高，但考虑15年一次所需要的"脚手架+高压洗涤+涂料"的费用，用瓷砖的费用也就不会觉得太贵了。

比贴瓷砖造价更高一些的是贴石材，一般会用到高级住宅的入口周边等地方。石材一般以花岗石为主，如果用大理石的话，在酸性雨水中会变黑。如果表面是光滑的，那么贴石材和贴瓷砖的功用是相同的，而且有抗污性能。

抗污能力的顺序

Q 在外墙上贴瓷砖时，为什么在阳台、外走廊下面挑出部分的内侧刷涂料呢？

▼

A 为了降低造价，同时避免不整齐的瓷砖布置。

挑出部分使用的瓷砖比较特殊，造价也高。另外，这部分的尺寸和瓷砖的布置，容易产生不能使用整块瓷砖的现象。不能用整块瓷砖的话，通常还可以用调整缝隙的方法来解决，但即使这样，也容易出现问题。因此，采用在角部及上部使用涂料的方法，这样做即使不用造价高的瓷砖也能解决问题，同时不用在意瓷砖的布置。

另外，阳台的内侧、外走廊矮墙的内侧也经常用涂料，这也是为了降低造价。这些部位因为见不到阳光的时间较多，所以10年左右的时间就会产生霉点而使其变黑。

如果同一个建筑上同时使用瓷砖和涂料，哪种方法更容易弄脏是一目了然的。所以还是要放眼看建造10年后的建筑会怎样，如果经济允许的话，最好还是全部都用贴瓷砖的方法吧。

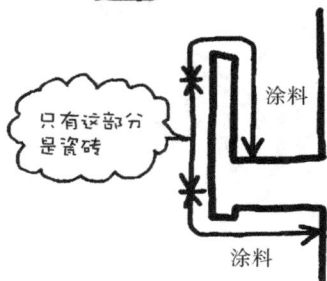

10

装饰工程

涂料

瓷砖

只贴一部分瓷砖

只有这部分是瓷砖

涂料

涂料

Q 贴在角部的特殊形式的瓷砖叫什么?
▼

A 角色砖。

把不是平平的,而是"L"形等特殊形状的瓷砖称为角色砖。角色本身不仅仅用在瓷砖上,对于其他一些特殊形式的物品,一般也用这个词汇。

瓷砖的角色砖价格较高,如果平砖的材料和加工费为每平方米1万日元的话,角色砖每1m长度就需要5000日元左右。如果想不用角色砖以降低造价的话,就会用前一项刚刚提到的刷涂料的方法解决。如果直接将平砖贴到角部的话,瓷砖的断面部分就会显露在外。通常会把平砖的端部切成45°角的形式,使平砖断面不致暴露向外。但使用这种方法,如果不能使瓷砖和瓷砖之间整齐对好角度并排列好的话,会影响到美观。这种方法也很费时间,而且45°角不能裁剪整齐的话,瓷砖反而容易被弄脏。

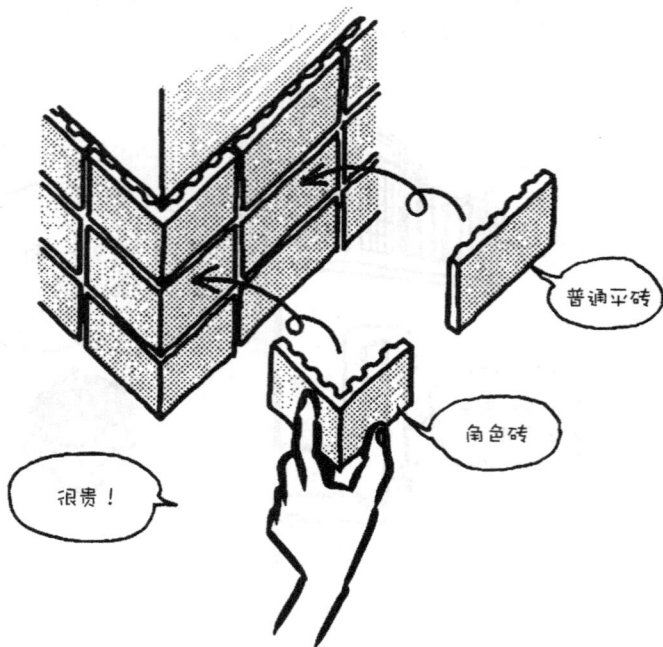

普通平砖

角色砖

很贵!

Q 什么是小截面瓷砖?

A 是指与黏土砖的较小截面尺寸相同的瓷砖。

黏土砖结构从明治时期开始在仓库、工厂以及公共建筑中被广泛应用。用黏土砖砌起来的欧洲风格的建筑,其耐火性能尚可,但抗震性能差。所以,将外观像黏土砖的瓷砖作为装饰材料贴到RC结构上,成为当下的一种流行。早期只有黏土砖模样的瓷砖,但现在繁衍出各种各样颜色、材质的成品瓷砖。

瓷砖既然是起源于黏土砖的,所以很多地方在称呼上也沿用黏土砖的说法。小截面瓷砖就是与黏土砖的较小截面尺寸相同的瓷砖。截面是指切断面,是建筑中经常使用的用语。黏土砖的小截面,跟文字描述的一样,就是指黏土砖最小的截面尺寸。小截面瓷砖与黏土砖的小截面尺寸相同,大都做成60mm × 108mm大小,10mm左右厚度。

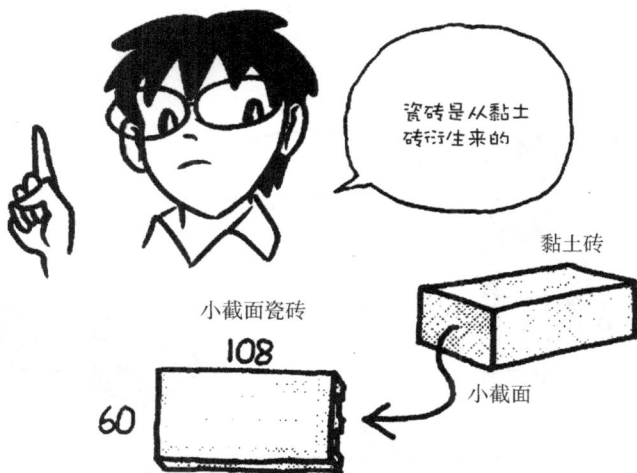

瓷砖是从黏土砖衍生来的

黏土砖

小截面瓷砖

108

60

小截面

Q 什么是 2 丁排列贴砖?

▼

A 是指约为黏土砖小截面 2 倍尺寸大小的瓷砖。

黏土砖的大小,在日本一般为 60mm×100mm×210mm。最初在欧洲使用时,黏土砖的大小是考虑到人用手砌筑方便而定的。因为是一块一块用手砌起来的,所以砖的大小和重量是根据握在手中的感觉确定的。那时砖的大小一般为 60mm×100mm×200mm。如果宽度为 10cm 的话,一只手就可以握住的。

黏土砖的大小,各个国家和地区都各有不同,但没有太大差别。其原因就在于大家都是用手砌砖这样的方法施工的,所以不会产生过大的差别。

60mm×108mm 的小截面横着排两块的话,就变成 60mm×216mm 了,如果再加上缝隙就会变成 60mm×227mm。这种将砖的两个小截面并排砌起来的方法称之为 2 丁排列贴砖。

1 丁、2 丁是在数豆腐块的时候用的。这里,像豆腐那样大小的砖块的量词也用"丁"。因为是 2 丁大小的瓷砖,所以称为 2 丁排列贴砖。

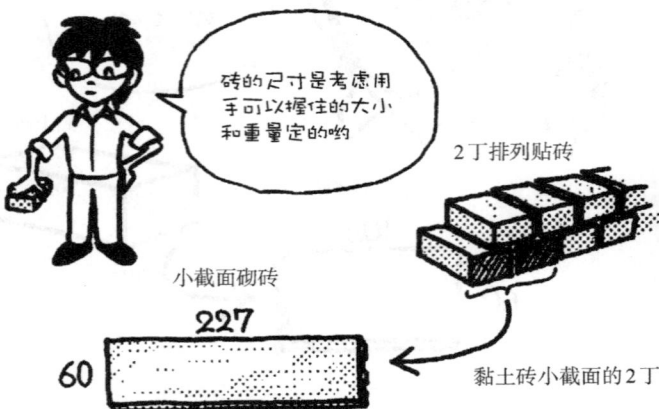

砖的尺寸是考虑用手可以握住的大小和重量定的哟

2 丁排列贴砖

小截面砌砖

227

60

黏土砖小截面的 2 丁

Q 什么是45·2丁排列贴砖？

▼

A 是指把2块45mm见方的瓷砖排列起来（45mm×95mm）的瓷砖。

如下图所示，2块45mm见方的瓷砖，中间留有5mm的缝隙贴到一起，其尺寸变为45mm + 5mm + 45mm = 95mm，因此贴到一起后的尺寸就变成45mm×95mm了。

如果用2丁排列贴砖这个词的话，会有两种情况。一种是指与黏土砖2丁大小相同的瓷砖；另一种情况是指2块45mm见方的瓷砖贴到一起。所以，查看产品目录时要注意。最近，经常会看到使用45·2丁排列贴砖这个词汇。

45·2丁排列贴砖，也会简略为45·2丁。另外，因为是比较小的瓷砖，所以也会称其为马赛克瓷砖。

45·2丁排列贴砖一般会先贴到30cm见方的墙纸上，然后以此墙纸为单位再贴到墙体上。这样做成的单块瓷砖墙纸也常被称为单块贴砖墙纸，对于施工面积大的工程，能提高施工效率。

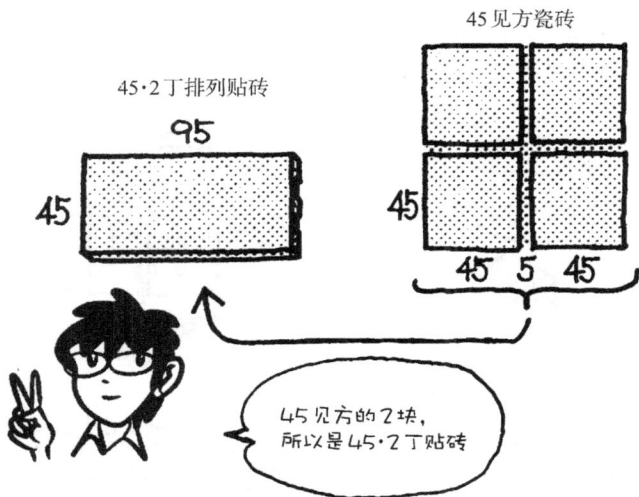

45 见方瓷砖

45·2丁排列贴砖

95

45

45

45　5　45

45 见方的2块，
所以是45·2丁贴砖

Q 45见方和50见方的瓷砖是同一种产品吗？

▼

A 是同一种产品。

是指瓷砖本身大小还是指包括接缝在内的大小之差？ 45见方是说瓷砖本身的尺寸为45mm见方，50见方是指缝隙中心之间的尺寸为50mm。

产品目录中表示的尺寸是指瓷砖本身还是包括缝隙在内的，需要特别注意。与50见方瓷砖的称呼方法相同，还有100见方、150见方以及200见方的瓷砖，这些都是指缝隙中心之间的尺寸。

50见方瓷砖、100见方瓷砖以及150见方瓷砖大多是贴到30cm见方的墙纸上。如果是50见方瓷砖的话，1张墙纸上可以贴6×6=36块瓷砖。因为是在已经留出了5mm的接缝缝隙后贴到墙纸上的，所以将墙纸贴到混凝土墙面上并等到瓷砖与混凝土黏结到一起后，将墙纸撕下来，然后在缝隙中填充水泥砂浆，这样贴砖工作就完成了。这样能提高施工效率。

45见方（50见方）瓷砖以及45·2丁贴砖都是小尺寸瓷砖，所以能做得很薄而且降低造价。另外，比起大尺寸的瓷砖，这种小尺寸瓷砖在建筑细部的凹凸部分，也能简单容易地布置，所以被用在很多建筑中。

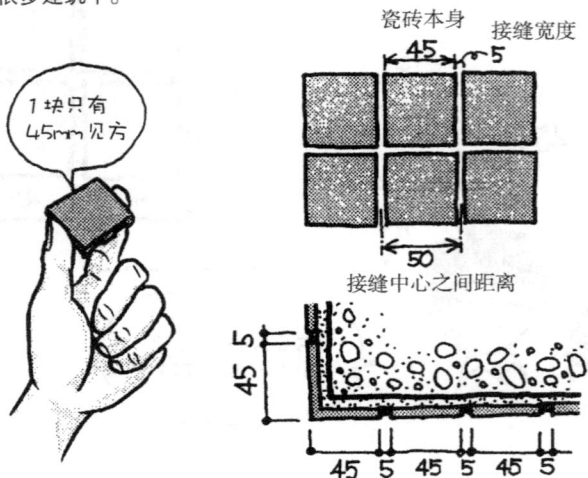

1块只有45mm见方

瓷砖本身　接缝宽度

45　5

50

接缝中心之间距离

45　5

45　5　45　5　45　5

Q 外墙上使用的是瓷质墙砖还是陶质墙砖?

▼

A 是瓷质墙砖。

陶质材料的吸水性强，如果外墙使用陶质墙砖，水分会渗透到墙内部，寒冷结冰后会引起墙砖破裂，因为水结冰后，体积会变大。同等重量时，冰的体积要大于水，所以冰会在水上面。

水结冰后具有体积膨胀的特性，所以会出现水管冻裂、流入雨水的钢管扶手受冻膨胀等，引起很多恶果。墙砖遇水结冰也一样，所以，墙砖不能使用吸水的陶质制品，而使用不吸水的瓷质制品。

瓷质和陶质的不同，首先与它们所含黏土量、硅石和长石量有关，另外也与烧制时的温度有关。根据成分的不同，一般称瓷质为"与石头有关的"，而称陶质为"与土有关的"。瓷质的表面有硅石和长石，在高温下烧制，就变成像玻璃质地那样的产品了。

一般我们使用的饭碗是瓷质的，所以不吸水，也不易附着脏污，这种质地适用于饭碗，其原理与外墙砖一样。而陶质墙砖，一般用在建筑内部没有水的地方。

如果与设计同时考虑的话，就不能简单认为因为是外装修所以用瓷质墙砖，是内装修没有水的地方所以用陶质墙砖。一般需要根据生产厂家的产品目录，按照详细说明来选择用于外部墙体还是内部的什么地方等。例如楼板用的地砖有防滑作用，而且比较厚实，有不易断裂等特点，所以选择时要考虑不同的用途和特点，同时要看实际样品来决定需要哪种墙砖。

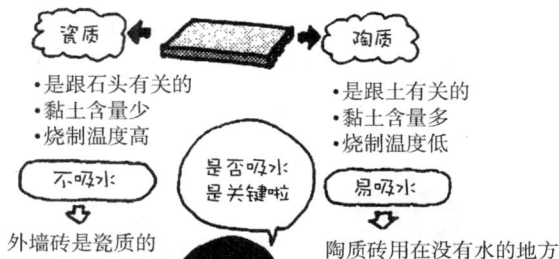

瓷质 ← → 陶质

・是跟石头有关的
・黏土含量少
・烧制温度高

・是跟土有关的
・黏土含量多
・烧制温度低

不吸水

是否吸水是关键啦

易吸水

外墙砖是瓷质的

陶质砖用在没有水的地方

Q 什么是炻质墙砖?

A 与具有瓷质性质的墙砖相比,吸水性能略高一筹的、与瓷质墙砖相似的一种墙砖。

炻质的汉字是火边加石。瓷质、炻质、陶质之间的差异很微妙,但日本的 JIS 里,只用吸水率作为标准进行了如下定义:

瓷质:1% 以下

炻质:5% 以下

陶质:22% 以下

另外,也有用烧制温度定义的:

瓷质:1250℃以上

炻质:1200℃左右

陶质:1000℃以上

由此看出,瓷质和炻质的吸水率和烧制温度都很接近,但就吸水率来看,炻质比瓷质多少差一些。

所以,就吸水率来看,炻质墙砖比瓷质墙砖差,但为方便记忆,就记住与瓷质墙砖相近吧。

由于炻质墙砖的吸水率特长,被广泛应用于室内外的楼面。缸砖是炻质砖的一种,是涂抹上食用盐后烧制而成的表面呈红褐色、类似玻璃质地的地砖。表面有凹凸纹路而且较厚实的缸砖,被广泛应用于楼板等地方。

	瓷质	炻质 ………	陶质
烧制温度	1250℃以上	1200℃左右……	1000℃以上
吸水率	1%以下	5%以下……	22%以下

炻质原来跟瓷质接近呀

Q 什么是釉?
▼

A 是烧制墙砖时涂抹的试剂。

釉,单个字,但它的日语读音却很长。这是一种能增强产品色泽、提高强度和防水性的试剂。

釉也被称为釉药,釉药的"釉"在日语读音中也会按训读方式发音为"wuwa",即跟釉单字的发音相同。

釉药中含有与瓷器成分相同的长石、硅石等,能强化墙砖表面的玻璃质地。

涂抹釉药也称为施釉,尽管釉、釉药、施釉的说法不同,但都是给墙砖涂抹试剂的意思,请从汉字上记住这个词汇吧。

釉
釉药

发音相同哟

很难的汉字哟

涂抹　　　　　烧制　　　　　变得亮晶晶的

Q 什么是抛光墙砖?

▼

A 是像珍珠贝壳那样发出各色金属光泽的墙砖。

将二氧化钛等金属膜通过烧制附着到墙砖上，根据人所视角度和光照射角度的不同而呈现不同光泽的墙砖。luster 的意思是光泽，贝壳内侧也能看到像抛光墙砖那样显出各种颜色的部分。

贴抛光墙砖流行了一段时期，经常被用在办公楼和高级住宅上。如果全部都贴抛光墙砖的话，会给人一种绚丽多彩的印象。

Q 什么是素烧瓷砖?

A 是指不涂釉药在低温下烧制的瓷砖。

红褐色的花盆等用的是素烧方法。素烧瓷砖是指茶红色、咖啡色、淡茶色、橘黄色等土色系列瓷砖，它们的表面清爽并接近自然土色。瓷器的制作过程，是先在低温下进行素烧，烧制后涂抹釉药，然后在高温下进行真正的烧制。素烧可以看成是瓷器真正烧制之前的一个步骤。

素烧瓷砖也称为terracotta tile，即陶瓷砖之意。意大利语中的terra是土的意思，cotta是烧制的意思，合起来可以解释为烧制土，就是通常所说的素烧土陶。

建筑中的terracotta有时会指大型立体装饰品或雕刻品，这是由用素烧土陶器皿做成立体装饰衍生来的。

素烧瓷砖主要用在内装修的地板上。因为接近自然土色，所以常用于地面等质朴设计。用于室外时，因为吸水性强，所以不能用在寒冷地区。

由于素烧瓷砖的吸水性强且空隙多，所以易受污，因此会在表面涂抹一层透明膜来保护。笔者曾经承接过大型店铺装修，按照设计，整个一层楼面都铺设了墨西哥产的素烧地砖。但为了防污及防割裂，全部素烧地砖都刷了一层保护膜。根据产品种类，也有出厂时就涂刷保护膜的产品。

素烧真的是质朴哟

花盆也是用的素烧方法哟

Q   什么是山芋缝?
▼

A   纵向缝和横向缝都贯通的粘贴墙砖的方法。

由于山芋缝是全部贯通的,所以也称其为通缝。山芋缝,是由于
像山芋根那样纵横整齐排列而得名,也会写成芋缝。

结构中的黏土砖,如果按照山芋缝砌成墙体的话,由于上部荷载
仅能传到下面的一块砖上,造成荷载不能分散到其他砖上让大家
共同承担,所以从结构意义上讲,墙体过于薄弱。所以砌砖时不
能砌成山芋缝,而需要错缝将上部一块砖上的荷载传到下面至少
两块砖上,这样结构才不会出现问题。另外,如果缝贯通的话,
有可能在缝的地方被割裂引起墙体破坏。

对墙砖而言,用贯通的山芋缝不会有任何问题。由于纵横方向的
缝都贯通,所以贴砖简单,外观上也整洁美观。

45见方、45·2丁贴砖等小型墙砖,一般都是采用山芋缝。小型墙
砖如果不用山芋缝贴的话,看起来会很凌乱。大型墙砖一般使用
错缝砌筑。

山芋缝

山芋根是   山芋缝?

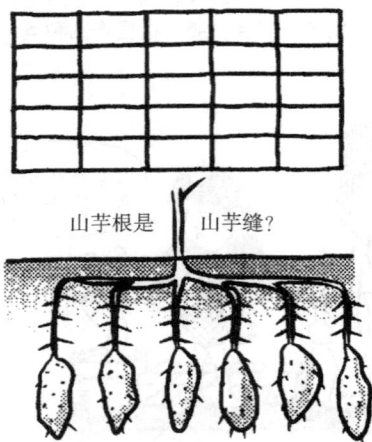

一般而言,贴墙砖会
用山芋缝,但结构用
砖这样砌筑,会造成
结构薄弱

Q 什么是骑缝?

A 只有纵向的缝隙相互不重合的贴法或砌法。

■ 两块砖之上的砖被这两块砖同时支撑的砌筑方法,就会形成骑缝。就像让砖骑在马上一样,所以叫骑缝,也称为马缝。建筑上讲的"骑马",是指骑在两个东西上。

像骑马那样砌砖的话,砌出来的结构更结实。横向缝是贯通的,但纵缝相互不贯通,这样就可以分散上面传下来的力。这样砌筑的结构,也不会在纵缝处被一条直线割裂而导致墙体破坏。

纵缝互相不重合,可以看成打破贯通的意思,所以通常也称这种骑缝为破缝,另外,还有如马步缝等名称。

墙砖按骑缝拼贴,主要用在如2丁贴砖(60mm × 227mm)那样横向较长的大尺寸墙砖上。大型墙砖按骑缝拼贴,与砌砖墙时错缝砌筑的道理一样。

骑缝

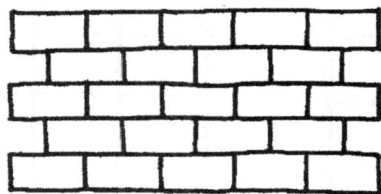

Q　什么是睡眠缝？

▼

A　是指不留一点宽度的缝。

睡眠缝就像闭着眼睛不睁开的样子，缝只是一条线，如同睡眠时人的眼睛那样。也称这种缝为盲缝，但因为容易被误解为是歧视性语言，所以只在施工现场用。

如果尺寸不是严密合一的，就会造成睡眠缝之间错位并会很显眼。如果缝有一定宽度的话，尺寸上有些许错位也不容易看出来。所以这种缝对尺寸的要求以及对施工质量的要求都非常高，以至于误差没有可存在之处。

另外，睡眠缝还有容易渗入水分的缺陷。一般缝都会用水泥砂浆填塞，所以如果不被割裂，就不会从缝中渗水，但睡眠缝仅仅是砖与砖拼在一起而已，由于毛细管渗透现象，水会从缝中渗入。

因此，外墙贴瓷砖时，一般不会使用睡眠缝。这种缝主要用在没有水的地方，或在即使有水但也无妨的庭院等地方使用。

普通缝　　　　　　　　　　睡眠缝

水容易渗入

睡着的话
比较难

尺寸没有任何
调整余地

Q 什么是墙砖的伸缩缝?

▼

A 为了使墙砖在膨胀和收缩时所产生的力能疏散开而设置的缝,也称为伸缩调整缝。

墙砖在太阳照射下会发生膨胀收缩现象,而且会因此在不同地方产生裂缝。墙砖和混凝土墙壁的膨胀系数不同,而且从墙壁表面到内侧的温度也不同,这些温度差产生的力,需要疏散掉。

如同铁道的铁轨在接缝处需要拉大间距,还有屋顶防水用的压顶混凝土也要留有一定缝隙的原理,墙砖伸缩缝设置在可能发生伸缩的部位,使膨胀收缩所产生的力从这个部位逃逸疏散,这样就会避免在墙砖上产生裂缝。

为了能使其伸缩,通常使用带封条材料的伸缩缝,并把缝宽做成25mm左右。封条使用硅脂系列材料。伸缩缝延伸到结构墙体表面。另外,贴墙砖用的砂浆也有伸缩性,所以砂浆也要断开。

如下图所示,浇筑混凝土时有施工缝,混凝土的浇筑施工缝一般每3～4m高度设置一道,所以一般在一定高度上,在这些施工缝位置可以适当设置伸缩缝。如果在混凝土结构的伸缩缝密封条上面贴墙砖的话,墙砖容易剥落。另外,从设计的角度看,结构伸缩缝也是墙砖容易设缝的地方,所以墙砖的伸缩缝也适合设置在与结构施工缝相同的地方。

纵向伸缩缝也是3m左右设置一道,特别是太阳西晒的大面积墙面,必须设置伸缩缝。

RC结构的柱子和墙壁交接处等地方会设置诱导缝。诱导缝是指在大地震时,为了诱使结构裂缝在此处集中发生,同时,为避免地震时由于柱子和墙壁一体化而对结构造成的负面影响,所需要设置的缝。墙砖的伸缩缝也适合设置在有结构诱导缝的地方。

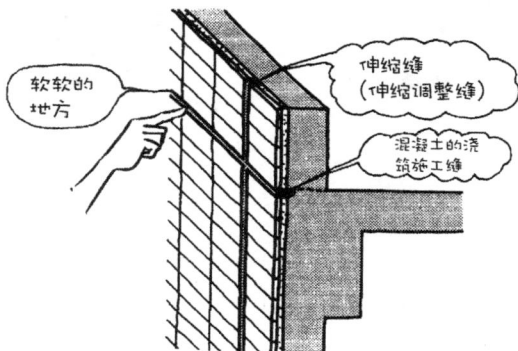

软软的地方

伸缩缝
(伸缩调整缝)

混凝土的浇筑施工缝

Q 什么是墙砖的压贴方法?

A 是指先在墙体上抹上贴墙砖用的砂浆,然后将墙砖压到砂浆上贴牢的方法。

在RC墙体上抹砂浆,砂浆厚度为5 ~ 6mm,每抹好$2m^2$左右,马上把墙砖压贴上。压好固定后,再在缝隙中填充砂浆。

砂浆超过30分钟就开始凝固,如果超过1个小时,墙砖可能就无法贴上了。通常称从开始抹砂浆到贴完墙砖的这段时间为施工时限。要计算好在施工时限内能贴墙砖的面积是多大。

墙砖用手压实后,也会用小木槌轻轻敲打。因为是把墙砖压到砂浆上贴住,所以也称为压贴工法。

在墙体结构上抹好砂浆后,墙砖上不作任何处理而只是贴上的方法是压贴法,压贴法是贴墙砖时最常用的一种方法。

在墙体上和墙砖上都抹砂浆,以提高黏结力的方法称为改良压贴工法。另外,将墙砖压贴时用振动器械振动的方法,称为密实压贴法。

在30cm左右大小的纸上先贴上多块墙砖,然后一次性压贴的方法,称为墙砖纸压贴法。墙砖纸压贴是先在墙体上抹砂浆,然后在砂浆上将墙砖纸压实贴上的方法,所以也是压贴的一种。

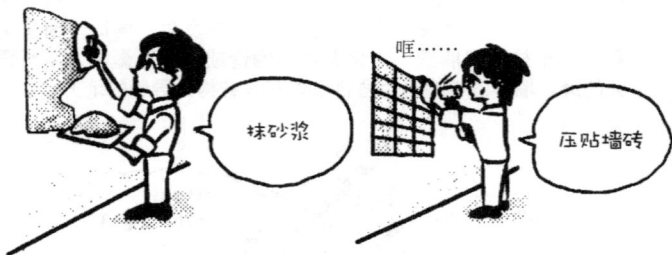

抹砂浆

哐……

压贴墙砖

Q 喷涂墙砖是指贴墙砖还是喷涂料？

▼

A 是喷涂料。

喷涂墙砖，是指将涂料通过压缩空气送出，使涂料成雾状喷到墙上的方法，其原理与喷雾罐和喷雾笔相同。这种方法是用喷雾枪喷涂的，所以也称为枪喷涂。

为什么喷的是涂料，但却说喷涂墙砖呢？这是因为喷装后的表面与墙砖的表面相似。喷涂后的墙面平滑有光泽，能弹水，而且不易污染。

但是，与真正的墙砖相比，涂料还是容易污染，所以喷涂15～20年之后需要重新喷涂。建设初期，由于要控制建筑造价，而且墙体喷涂后外观效果很好，所以选用涂料喷涂。

喷涂墙砖目前开发出的涂料有亚克力树脂系列、环氧树脂系列等，另外，还开发出了一些具有伸缩弹性的、能防止墙体开裂的以及随着墙体的晃动具有伸缩性能的涂料。这些涂料统称为弹性喷涂墙砖。

先在墙体上上涂层，然后在其上喷涂墙砖，最后为了使墙面有凹凸纹路，使用特殊滚轴滚刷墙面的方法也会使用。这种喷涂方法可以做成橘皮面、粉刷面、石面等各种各样的表面。

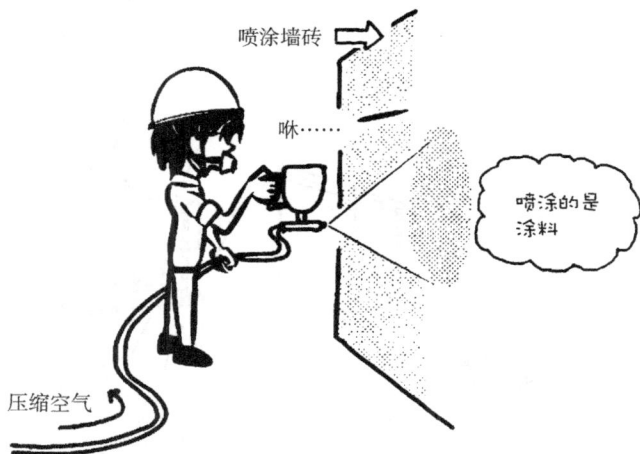

喷涂墙砖

咻……

喷涂的是涂料

压缩空气

Q 窗户下面的墙壁为什么会被弄脏?

A 窗台板（如铝制防水窗台板）上的灰尘在雨水中被冲刷留下的污垢。

下雨时打到墙上的雨水，会从防水窗台板和墙体相交的地方开始，顺着流下来。窗台下面的积尘以及外玻璃上的灰尘也会被雨水一同冲刷下来，所以会在墙壁上留下污垢。墙和窗在同一平面的话，就不会太脏。另外，像办公楼那样全部都是玻璃的建筑，也不会只在窗下留下污垢。但在同一平面内将窗框收纳固定，比起设置凸出墙体的下巴，施工要困难得多。

说起同一平面，不仅指窗户下面，也指女儿墙的上部、阳台和外走廊的护墙上部等。其他部位，会做成向内倾斜，设法让雨水向内侧流出而不至于弄脏墙壁。

通过高压喷刷的方法可以用水对墙壁进行高压清洗，污垢可以很好地洗刷掉，但同时，涂了涂料的墙面也会受伤。另外，也可以用蒸汽洗净方法清洗。

不用担心墙体污垢、霉斑以及开裂发生的建筑，可以按下述方法装修：
（1）全部贴墙砖
（2）做成挑出屋檐和遮阳板形式（如果可能，把钢筋混凝土结构也做成坡屋顶＋挑出屋檐）
（3）露在外面的扶手等构件不用钢制，而用铝制的（可能的话用不锈钢）
（4）女儿墙和阳台侧墙上面的斗笠用金属配件（不锈钢＞铝制品）
（5）外部走廊以及露台的楼板不用砂浆防水，而用防水封条封闭
（6）不用搭设脚手架也能够清洗的设计
上述等方法，根据造价要求需要相互探讨以确定方案。

易积灰尘

从窗台防水板的边缘流出来的哟

灰尘被冲刷到墙壁上啦，弄脏墙啦

Q　日本的建筑外装修主要使用什么样的石材?

▼

A　花岗石。

主要因为花岗石在日本的各个地区都可以采集到，而且经久耐用。御影石也是花岗石的一种，这种石材因为是在神户市的御影六甲山这个地方采集到的而得名。有时也把花岗石全部都称为御影石。花岗石是岩浆凝固后形成的火山石的一种。

大理石在日本国内基本采集不到，所以大多靠进口。大理石有不抗酸的弱点。日本可以采集到砂石，但遇风雨会容易碎裂，而且耐久性和耐磨性都不佳。

国会议事堂的外墙壁使用的是花岗石，石墙上使用的石头也大多是花岗石。另外，墓地的碑石也多用花岗石。顺便说一下，埃及的金字塔也是用大块花岗石砌筑成的。因为耐久性好，而且被碰撞不会轻易脱落，也不容易损坏，花岗石作为建筑的外装材料，应用范围很广。

Q 希腊雅典的帕提农神庙、印度阿格拉的泰姬陵是用什么材料建造的？

▼

A 用大理石建造的。

大理石是已经成型的岩石在高温高压作用下再结晶，从而形成的一种变质岩石。

大理石是富含钙质的碱性物质，遇酸会溶解，会有在酸性雨中变黑的缺陷。

在日本，由于酸性雨的影响大，建筑室外如果使用大理石会马上变黑。大理石主要用于内部装修地板和墙壁。

帕提农神庙是用圆筒状大理石堆砌成圆形柱，然后把梁放在柱上并在柱上架设屋盖的一种结构形式。

罗马斗兽场，现在能看到裸露在外的砖块了，但建筑当初只能看到粘贴的大理石。地中海沿岸各国因为能采集到丰富的大理石材料，所以使用大理石的建筑和雕刻也颇多。

泰姬陵是在砖砌体上张贴了白色大理石。

印度北部能采集到大量的红砂石，在印度教和伊斯兰教的庙宇里，经常能看到用茶红色的砂石做成的装饰。在这样的一些建筑中，泰姬陵独树一帜，使用光泽好的纯白色大理石，成了值得炫耀的建筑。

帕提农神庙是用大理石堆砌的哟

泰姬陵是粘贴的大理石哟

白色泛着光泽是亮点哟

Q 什么是洞石（travertine）？

A 是有条纹图案或条纹状结构的石灰石的一种。

洞石（travertine）的表面像大理石，严格讲，属于石灰石的一种。洞石是表面带有肌肤颜色的条纹状图案，像大理石一样的石头。因为从表面和性质上都与大理石相像，所以基本上像大理石一样被使用。按地质学分类有：

　　大理石→变质岩

　　石灰石→水成岩

　　花岗石→火成岩

变质岩、水成岩以及火成岩，是按照石材生成的过程进行分类的。

　　变质岩→受热后质变而成

　　水成岩→在水的作用下生成

　　火成岩→岩浆遇冷后生成

洞石是石灰石的一种，对酸敏感，在酸性雨中会变黑，因此，在日本不适合用于外装修，只用于内装修的地板或墙壁。这种石材大多从意大利等地进口。

使用洞石建成的著名建筑，有路易斯·康设计的肯贝尔艺术博物馆（得克萨斯州的沃思堡，1972年），作为结构的柱子和穹顶使用清水混凝土，墙体铺贴洞石，是一个用有限素材描述的高品位建筑。洞石和清水混凝土用到气候干燥并有强烈日照的得克萨斯州，是再适合不过的素材和技法了。

肯贝尔艺术博物馆

清水混凝土

洞石
是带有条纹图案的石灰石

正是适合干燥气候的材料

Q 石灰石和大理石对酸敏感吗？

▼

A 敏感！它们的主要成分是碳酸钙($CaCO_3$)，溶于酸。

石灰石是热变质生成的再结晶大理石。洞石和大理石的色泽及样式都相似，它们的主要成分都是碳酸钙。

石灰石（水成石）→（热变质、再结晶）→大理石（变质石）

洞石的表面孔洞多，会有很多条形小孔。这种带有时隐时现小孔的石灰石，再结晶后变成大理石，就会成为坚硬的泛着光泽的石材。碳酸钙是碱性的，遇酸中和后变成透明液体。空气中的二氧化碳是酸性的，与雨水混合后从石材表面渗入内部，引起碳酸钙和水及二氧化碳的化学反应，生成水溶性的碳酸氢钙。

$$CaCO_3+H_2O+CO_2=Ca(HCO_3)_2 （可溶）$$

表面变黑，被认为是空气中或石材内部的物质在水溶性液体中溶化离析，经再干燥后浮出表面所产生的。另外，因为表面被酸浸蚀过，所以变成表面有光泽的带有小孔洞的石材。雨水过多的日本，不管是大理石还是洞石，很遗憾都不能用到外墙上。

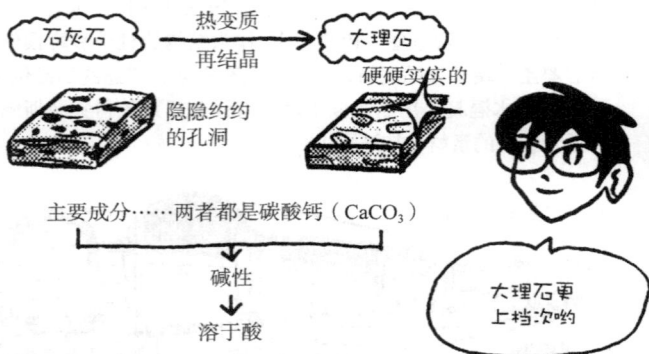

石灰石 ——热变质 再结晶——→ 大理石

硬硬实实的

隐隐约约的孔洞

主要成分……两者都是碳酸钙（$CaCO_3$）

碱性

↓

溶于酸

大理石更上档次哟

Q 什么是蛇纹石?

▼

A 是一种带有蛇一样纹路的深绿色石材。

🔷 这种石材犹如将大理石染成了绿色，然后再画上蛇的白色斑纹的感觉。这种石材致密性好、坚硬、有光泽。蛇纹岩是橄榄岩（火成岩）变质后生成的变质岩。

建筑上用于内装修的地板、墙壁或者桌面等，可形成一种青涩并有质感的建筑设计风格。

蛇纹石由于花纹部分容易吸收水分，而且这些纹路处易断裂，所以主要用于内部装饰，而不适合外装修。即使在外装修中使用，充其量也只用作垫石而已。

纹路基本上与图案是同一意思，指同样的花纹重复出现所构成的图案。

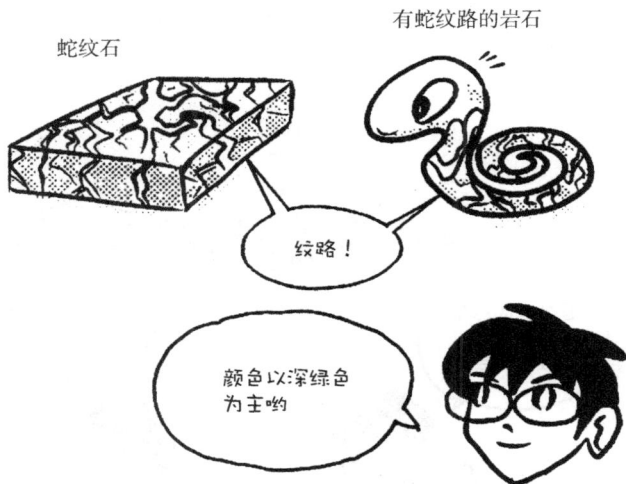

有蛇纹路的岩石

蛇纹石

纹路！

颜色以深绿色为主哟

Q 什么是砂岩？
▼

A 是指砂子在水中堆积并固结后形成的水成岩（堆积岩）。

这种石材的表面沙沙的，像砂纸那样粗粗糙糙，而且没有光泽。因为吸水性好，它在雨水过多的日本不适合用于外装修。渗入的水冻结的话，体积膨胀后会胀裂。另外，表面粗粗糙糙的，容易藏污纳垢，遇到灰尘和雨水渗入后马上会变黑。表面还容易脱落，所以不适合用于地板。但这种石材的耐火性能和耐酸性能特别好，主要用于室内墙壁等的内装修。

火成岩、水成岩（堆积岩）→（变质）→变质岩

外墙壁还是用花岗石为宜。首先按照花岗石、石灰石、洞石、砂石、大理石、蛇纹石这样的顺序记忆一下吧。设计时拿不定主意时，选择花岗石还是不会错的。

火成岩：花岗石等
水成岩（堆积岩）：石灰石、洞石、砂石等
变质岩：大理石、蛇纹石等

固结

砂

砂岩

水成岩（堆积岩）

是砂子固结后得到的岩石，所以叫砂岩啦

没啥新花样呀！？

Q　什么是水磨石块?

A　是在粉碎后的天然石材里加入白水泥并固结的人造石材。

大理石和比较厚的花岗岩石块，造价会很高。利用粉碎天然石材并加入白水泥或树脂使其固结，表面再研磨成天然石材的样子，这样的石材就是水磨石块。水磨石块的外观看起来很接近大理石，所以也称其为人造大理石。但人造大理石里面不一定都使用天然石材。

水磨石块主要用于内装修，如出入口、池畔、浴室、厕所的地板或隔墙、矮墙以及扶手的斗笠等很多地方。有防水性能好，可以用到厨房水池或炉灶周边的板材。

terrazzo源于意大利语，是指将天然石材切割成碎块，然后将其拼铺在地板上的装修方法。天然石材打碎再拼铺的方法，今天仍然在露台、泳池或浴池的装修上使用。

用小石块做成大面积的石板哟

所以水磨石块会便宜的哟

大理石
花岗石

白水泥

亮晶晶的

种石　　　　粉碎　　用白水泥使其固结　　研磨

Q 什么是水磨石的洗出？

▼

A 卵石、碎石等是与砂浆混到一起涂装的，铺装后需要用水柱喷射石材表面，清洗表面的水泥浆，才能使碎石块露出表面。

用水清洗水泥浆＋种石的表面并使其露出，称为水磨石的洗出。用水清洗时，需要使用毛刷、钢丝刷、喷雾器等器械。

洗出用的石材有大块卵石、细碎卵石、砾石、碎石等各种各样的石材。因为石材的形状、色泽、纹理等都不一样，所以可以做出各种表现的装饰板材。水泥浆清洗掉后，表面会露出石材凹凸不平的面，这些凹凸不平的石材具有丰富的表现力，而且也有抗滑作用。

主要用在外装修上，但门口的地板也会使用。和歌山县的那智地区到处可以看到黑色卵石洗出后用于入口处地面的装饰做法。也可以用到墙壁上。另外，也有通过洗刷混凝土表面，把砾石洗出的做法。

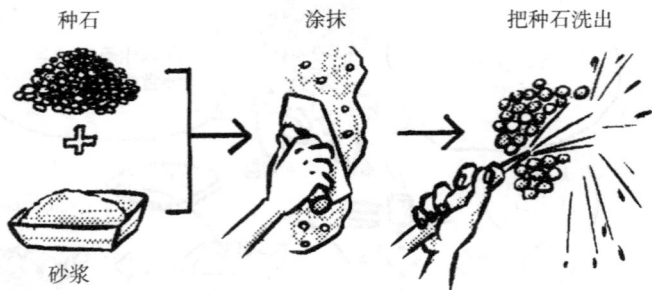

种石　　　　　涂抹　　　　　把种石洗出

砂浆

Q 什么是研磨机?

A 是指为了研磨石材等而使用的用毡制品或聚氨酯等做成的机器。

原意是指为了研磨而用皮革制成的棒等,现在使用的是像钻那样可以回转的机器,所以用buff称呼研磨机,指使用buff来研磨的过程。根据使用石材、金属、木材等情况的不同,可以选择不同种类的研磨机进行研磨。研磨石材,是为了把石材打磨成表面有光泽的装饰材料。石材的研磨过程有以下几个步骤:

粗略研磨→水磨(中等程度研磨)→正式研磨

不同阶段的研磨,所使用的研磨石材以及磨床等都各不相同,一般从粗略研磨→细致研磨不断更换研磨道具,最后使用研磨机完工。石材的正式研磨,是指将石材表面研磨到闪闪发亮,是加工用在墙壁和顶板等处的石材的一种最常见的研磨方法。因为这样研磨后的石材不会凹凸不平,也不会积灰,并且可以使水流动通畅等,所以这种石材经常被用到外墙装修上。但由于比较光滑,所以尽量避免用到地板上。

咻咻……

皮肤也需要研磨成平平滑滑的哟

用研磨机研磨

Q 什么是金字塔锤?

A 如下图所示，指一端有小金字塔形表面的锤子，把石材加工成金字塔表面时使用。

用金字塔锤加工石材的表面，指的是用金字塔锤敲打石材而形成细微凹凸表面的加工方法。金字塔锤是指专门进行这种图案加工时用的锤子，也称为敲击锤。

用敲击锤敲打后，再用小凿子敲击完成加工。石材表面有凿子留下的横筋。这是石材加工中单价最高的一种高级加工方法。

金字塔锤

是很多小金字塔集成的锤子哟

Q 什么是自然面石材？

▼

A 是指用锤子将一块石材从中间自然分开后不再进一步加工的方法。

这种方法加工的石材有一种粗犷感，显露出凹凸不平的纹路，形成粗糙的表面。

将石材做成100mm×300mm×30mm的自然面，然后如同贴墙砖那样贴到外墙上的装修方法经常可见。因为石块的尺寸比较小，所以价格也能降下来。

另外，屏障、门柱、垫石等的装饰也多用自然面石材。自然面石材还会与研磨合并使用进行加工。

劈石材时，先把楔子放到石材上，然后用锤子敲打楔子，用楔子两侧的刃将石材分开。也可以使用大型机器设备将石材劈开。

"劈开"和"切开"是不一样的。劈开的话需要将楔子插入石头，切开时则用金刚钻刀刃。用刀刃切割的话，转动的刀刃会在石材上留下痕迹，就不能做成像劈开那样的自然面了。

为了使自然面的凹凸更粗犷，可以使用自然面的球体加工方法。

球体加工方法，是指为了做成比自然面更粗犷的像大球体那样极端凹凸不平的石材的加工方法。这种方法经常被用在年代久远的建筑中。表面的极度凹凸不平，更能强调出石材的粗糙和粗犷感，建筑看起来就好像是用石材堆砌起来的一样，而且更像天然石材。

咔嚓……

劈开

自然面也很有格调的

劈开的自然面

Q 什么是喷射燃烧器法？

A 石材表面被喷射燃烧器烧灼后，呈现出细微凹凸纹理，这种加工方法就是喷射燃烧器法，也称为烧灼法。

作为石材成分的石英、长石等，它们的熔点以及膨胀率都不同，所以烧灼石材表面时烧掉的部分和残留的部分也不同，从而可形成细细的凹凸不平的表面。

石材铺的地板容易使人滑倒，用烧灼法加工后的石材表面细微的凹凸不平，会有防滑作用。

这种加工不会像用金字塔锤和凿子那样费工夫，而且防滑效果更好，所以用处也颇多。由于要施加热量，所以要求石材的厚度在3cm以上。

为了把石材表面做成粗糙不光滑的，还可以用喷砂加工法。这是将细细的铁砂喷射到石材表面并使其产生细微损伤的一种加工方法。喷砂法不仅用于石材加工，也用在金属加工中。

凹凸及纹理细微程度的顺序如下：

　　细磨加工＜喷砂加工＜喷射燃烧器加工＜凿子打击加工＜金字塔锤敲打加工＜自然面法加工＜自然面上的再加工

用燃烧器烧灼哟

嘭……

喷射燃烧器加工

Q 什么是石材干挂工法?

A 如下图所示，用金属连接件将石材固定的方法。

首先，将不锈钢角钢固定到混凝土墙面上，我们称这个过程为一次连接，然后将带有楔钉的连接穿入石材的楔孔中，我们称此为二次连接，最后在一次连接处用螺栓固定石材。

楔钉和楔孔是木结构用语，楔钉是指将杆件打磨细的一端，楔孔是指楔钉插入的一端。用楔钉将石材固定到预留的楔孔中，完成石材贴装工作，我们称之为干挂。

石材的重量也是由连接件承受的。石材之间的缝隙，用封条封住。这种方法因为不用砂浆固定，也就是说没有用到水，所以称之为干挂工法。

各种各样的施工中，一般使用水的施工方法称为湿法，不使用水的工法称为干法。一般来说，干法比湿法的可靠性更高，施工也更简单。

使用砂浆将石材贴到墙体上的湿法施工，最近不经常使用了，取而代之的是干法施工。但即使是干法施工，由于墙体的最下部容易受到冲击而破碎，所以这部分墙体通常使用砂浆填充的湿法施工。

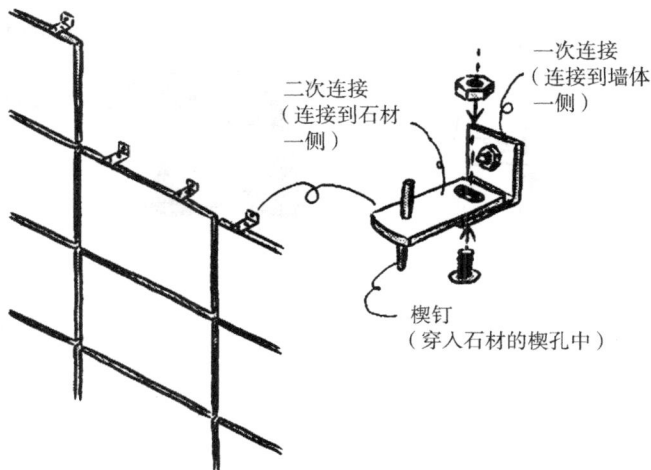

一次连接
（连接到墙体一侧）

二次连接
（连接到石材一侧）

楔钉
（穿入石材的楔孔中）

Q 刷面漆之前，为了使涂料与墙体紧密结合而涂抹的打底用的剂材是什么？

▼

A 封闭材料、底漆等。

英文 seal 是封上的意思；sealer 是说封闭这件事情，指用封闭材料将墙体上的细微孔洞和不平整的地方通过封闭的方式整平。封闭材料是一种能使涂料更好地涂抹到墙体上的打底用涂料。

英文 prime 的原意是第一、最初；primer 是指最初涂抹的材料，所以还是指打底用的底漆。封闭材料和底漆的意思基本相同。

英文 filler 是从 fill 来的，是填充的意思。跟封闭材料和底漆不同，填充是指填充较大的孔洞时用的打底材料。但有时填充也被用作封闭材料和底漆的同义词。

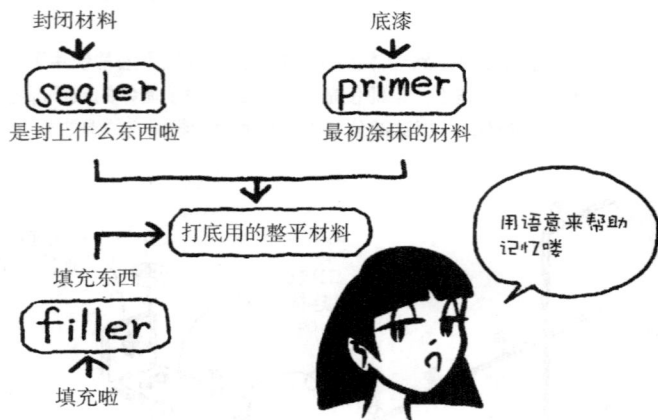

封闭材料

sealer

是封上什么东西啦

底漆

primer

最初涂抹的材料

打底用的整平材料

填充东西

filler

填充啦

用语意来帮助记忆嘛

Q 什么是合成树脂乳胶漆?

▼

A 是一种在水中变乳浊的水性材料。

乳胶是指像牛奶、蛋黄酱、木工用的胶合剂那样的乳浊性的液体,如同水和油两种不相融合的液体不离析而融合在一起的状态。

合成树脂乳胶漆是合成树脂(油)在水中不离析但分布在水中的各个角落,从而变成乳浊液体。水分干燥蒸发后,就只残留下合成树脂并形成漆膜。

合成树脂乳胶漆也被称为乳胶漆、乳胶涂料或水性涂料。英文字母 Emulsion Paint 的开头字母,通常被作为乳胶漆的略称,用EP表示。 EP适用于混凝土表面、砂浆表面、石膏板表面以及木材表面,但不适合用于金属表面。简单记忆法则是"EP不能用在金属上"。如果因为这是水性材料,就想当然地认为,不能把乳胶漆用于外装修,那就错了。最近这种材料也被积极推广用于外装修工程中,而且能用于外装修的EP产品也开发出很多。香蕉水那样的有机溶剂,存在气味太大和影响健康等问题,所以逐渐促成了应用水溶性涂料的趋势。

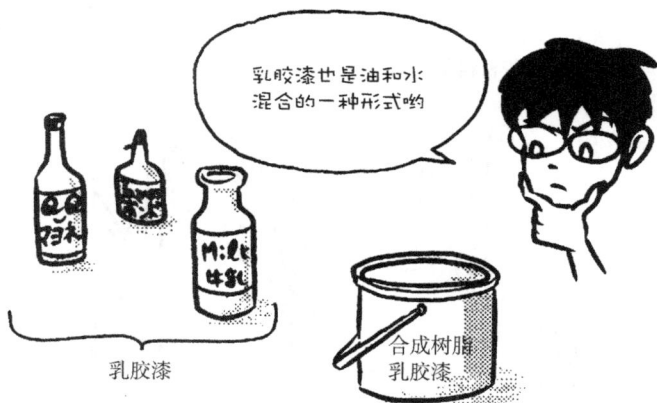

乳胶漆也是油和水混合的一种形式哟

乳胶漆

合成树脂乳胶漆

Q 什么是光触媒涂料？

▼

A 是一种添加光触媒材料后具有自我清洗功能的、不易污染的涂料。

光触媒是指在光合作用下：①能够发生氧化反应；②具有超亲水性的催化剂。催化剂是指自身不发生变化而促成物质反应的材料。

氧化钛（TiO_2）作为光触媒，由于具有上述(2)的超亲水性能而被应用到建筑中。超亲水性不是指把水弹出去防水，而是指使水能更顺畅无阻地流动。

涂膜上如果有油性物质黏附，用水很难冲刷掉。但光触媒的作用使亲水性加强，水在表面更易流动，可同时把油性物质也一起冲刷出墙面，并在雨水中被自然清洗，所以有自我清洗效果。

开发出的在水性乳胶漆等材料中加入光触媒的产品，其原理是通过光＋水的光合作用，将涂料表面的污垢清洗干净。但实际效果到底有多大，仍然还不很明确，所以也不要抱过大期望。

涂料中除了添加光触媒以外，还添加有很多防止霉斑发生的材料。尤其是建筑北侧面等地方，由于不易被阳光照射，所以容易产生黑色霉斑，如果添加一些防止霉斑发生的材料，效果会更好。但是，即使添加防斑材料，多年后还是会有霉斑产生，所以通过涂刷涂料进行外墙装修不会像贴墙砖那样能保证墙面的清洁质量。

除了光触媒以外，广泛应用的还有墙砖、玻璃幕墙、塑料墙纸等材料，这些材料都具有不易污染而且用水容易清洗的特点。

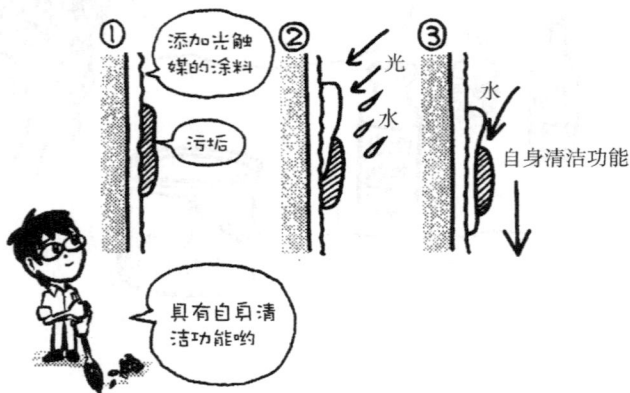

① 添加光触媒的涂料　污垢

② 光　水

③ 水　自身清洁功能

具有自身清洁功能哟

Q 什么是合成树脂型预拌涂料?

A 将颜料用油和树脂混合而成的油性涂料, 略写符号为SOP (Synthetic resin Oil Paint)。

颜料是指用来上色的材料, 将颜料融合到油中形成的油性涂料 (OP) 使用范围很广, 但有干燥时间长而且易劣化等弱点。为了弥补这些缺陷, 在OP中添加邻苯二甲酸树脂, 从而生成了合成树脂型预拌涂料。

这种涂料也可以说是"合成树脂经过OP预拌而形成的涂料", 所以称之为合成树脂型预拌涂料。

尽管SOP由于价格便宜而被广泛应用到工程中, 但与其他树脂材料相比, 它的耐久性较差。刷涂料工程的主要费用是人工费, 耐久性差会造成涂刷周期变短, 涂刷人工费用增加, 所以, 应该选择比SOP耐久性更高的涂料装饰外墙。

SOP适合应用到铁或木质材料上, 而不适用于混凝土或石膏等碱性材料。

在记住EP、SOP略写符号的同时, 也请记住这些材料的适用范围吧。

	混凝土	铁	木
合成树脂乳胶漆 EP (水性)	O	X	O
合成树脂型预拌涂料 SOP (油性)	X	O	O

首先记住EP和SOP

然后记住打X的位置

Q　什么是乙烯基漆?

A　是将颜料用氯化乙烯基树脂和溶剂混合在一起的涂料。

氯化乙烯基树脂涂料也被称为氯化乙烯基瓷釉，缩写为 VP（Vinyl chloride resin Paint）。

这种材料的耐水性能、耐油性能以及耐药品性能都非常优越，所以不管是混凝土材料、铁质材料还是木质材料上都可涂用，但因为有强烈的香蕉水溶剂的味道，所以不适合用到室内装修上。由于香蕉水溶剂的挥发性能，使得在浴室装修中使用乙烯基漆而导致中毒死亡的现象也时有发生。另外，由于水性涂料的性能有所改善，所以室内用水性涂料 EP 代替 VP 的情况也越来越多。

在室外，被用于混凝土表面、顶棚的屋檐、雨水管以及上下水的氯化乙烯基管道等地方。这种材料可以做成泛着光亮的表面，也可以做成半光泽或无光泽表面。对于做成半光泽或无光泽表面的产品，其耐久性及耐水性也会变差。

含有大量有机溶剂的 VP 材料，由于其溶剂的刺激味道，所以在室外也用得越来越少。另外，也是由于高性能水性涂料（EP）越来越受到瞩目。

乙烯基漆

VP　　混凝土｜铁｜木
　　　　○　　　○　　○

•耐水性能
•耐油性能
•耐药品性能

但味道太大了，不喜欢

Q 树脂涂料中都含有什么物质呢?

▼

A 含有氟树脂涂料、硅树脂涂料、聚氨酯树脂涂料、亚克力树脂涂料，还有邻苯二甲酸树脂涂料等。

树脂是指人工合成的、由多分子聚集的高分子化合物。它们由各自不同的复杂的化学方程式构成。树脂的等级，以氟树脂涂料为最高等级的话，其顺序为:

　　氟树脂 > 硅树脂 > 聚氨酯树脂 > 亚力克树脂 > 邻苯二甲酸树脂

氟树脂的耐久性是最好的，邻苯二甲酸树脂的耐久性是最差的。前述的 SOP 中也使用邻苯二甲酸树脂，但比起邻苯二甲酸树脂涂料，SOP 的耐久性更差。造价也基本是上述顺序，现场价格调整也基本相同。当然，也会根据使用部位和材料的不同而有差别。

除去所用树脂的种类不同以外，还有**1液体涂料**以及**2液体涂料**之分。**1液体涂料**是指装到罐子里的涂料，而且可以直接涂刷;**2液体涂料**是指需要将两个罐子里的液体混合后进行涂刷的涂料，这种涂料由于会在预拌过程中发生反应，所以能做成耐久性更高等级的涂料。

涂料厂家生产出的树脂涂料，其性能都记载在产品说明中，但实际的性能，如果不经过时间的考验是没法知道的。

另外，打底方式、施工精度等也是影响因素。如果说得更极端一点就是，被装在罐子里的涂料将容器变成了一个黑匣子。

生产厂商以外的使用者，也需要花心思经常检查。

树脂涂料的等级

氟 > 硅 > 聚氨酯 > 亚力克 > 邻苯二甲酸

进一步说 { 1液体涂料
　　　　　 2液体涂料 }

搞不懂啦

光记住名字怎么样?

Q 什么是环氧树脂涂料?

▼

A 是指将颜料放到环氧树脂和溶剂中混合后生成的涂料。这种涂料的耐药品性能、耐水性能以及耐热性能都很优越。

除了前面列举出的那5种类型的树脂涂料以外,还有一种特殊用途的涂料——环氧树脂涂料。这种涂料的耐药品性能、耐水性能、耐热性能以及绝缘性能都很优越,所以被使用到工厂、实验室等场所的地板和墙壁装修上。

这种涂料的耐水性能和附着性能都很好,会被用作防锈材料或船舶中使用的涂料。另外,由于其附着性能好,还被用在难以涂刷涂料的铝制材料和不锈钢材料的涂装中。由于涂膜特别强韧,所以还被用到高尔夫球的涂装中。

对于前述的2液体涂料,也会使用环氧树脂涂料。制作黏结材料也使用环氧树脂。可见它的黏结力和附着力还是很棒的。环氧树脂涂料,可以说是树脂涂料中的特殊涂料。

混凝土、铁、亚铅电镀、铝、不锈钢以及木材的涂装都可以使用这种涂料。

不是Expo,
是Epoxy哟

耐药品性能是
No.1哟

Q 什么是着色剂（stain）？

▼

A 是指木材的着色剂，渗入木材内部但不形成涂膜，只是把木材材质表现出来的一种着色剂。

着色剂有油性着色剂和水性着色剂之分，但不管哪种着色剂，都是渗入到木材内部但保留着木材纹路和样式的着色方式。

英文的stain原意是染料、着色材料。这种着色剂尽管一定程度上能起到保护木材的作用，但因为渗入木材内部而在表面不结膜，所以抗风化性能差。

但如果使用油性着色剂之后，再在其上涂一层表面透明的涂膜（清漆），这样，耐风化性及耐水性都能提高，而且不易弄脏。

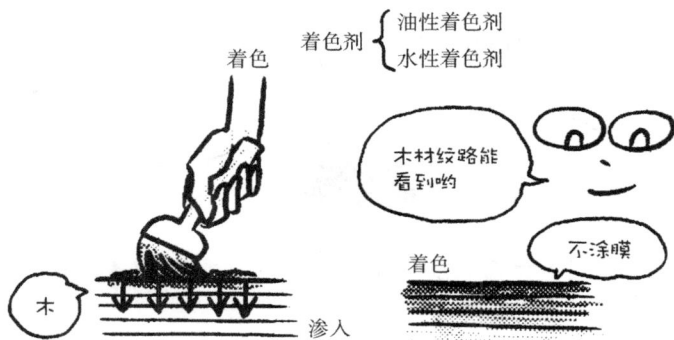

着色剂 { 油性着色剂
         水性着色剂

着色

木材纹路能看到哟

不涂膜

着色

木

渗入

Q 什么是亮光漆?

A 是指涂刷在木材表面，起保护作用的、可形成无色透明涂膜的涂料。

亮光漆的语意来自英文的varnish，因为是透明的，所以也称其为清漆。

这种清漆，只是用透明的涂膜覆盖表面起到保护作用，所以涂刷后仍然可以看到木材的纹路等木质特色，通常被用到木制品上。

木材上涂刷的亮光漆不仅指无色涂料，也指与透明涂料或颜料混合前的透明液体。

亮光漆是由油和树脂溶剂共同组成的，经常与耐热及耐药品性能很强的聚氨酯一起配合使用，通常称其为聚氨酯清漆。

亮光漆
varnish ⇨ 亮漆 ⇨ 亮光

发音有变化哟

哦—

没放颜料

油+树脂+稀释剂
≈
清漆（透明的）

Q 什么是虫胶漆?
▼

A 从紫胶虫的壳里抽取出的树脂,是组成虫胶清漆或洋干漆的原材料。

■ 紫虫胶是在中国、印度以及泰国等地生存的壳上长满腿的一种昆虫。雌虫在产卵时长出壳,从壳中抽取出来的树脂就是虫胶漆。

作为产品的虫胶漆是被称作虫胶清漆的片状透明固体,能溶于酒精中,被用作木制家具等的涂料。虫胶漆的涂刷是经过涂刷研磨,再涂刷,再研磨这样重复多次完成的,这样加工后就会在材料表面形成有光泽的保护硬膜。

虫胶漆溶解于香蕉水等强烈溶剂后生成的产品就是洋干漆,其日文名称是从紫胶虫的发音而来的。不过,现在使用的洋干漆并不是真正的虫胶漆,大多是用亚克力树脂等替代的。透明的虫胶清漆在建筑工程中用得也颇多。涂刷油性着色剂之后,还可以在油性着色剂表面再涂刷一层虫胶清漆进行保护。油性着色剂用OS、虫胶清漆用CL略写,如果是涂刷油性着色剂后再涂刷虫胶清漆,就可以表示为OSCL。

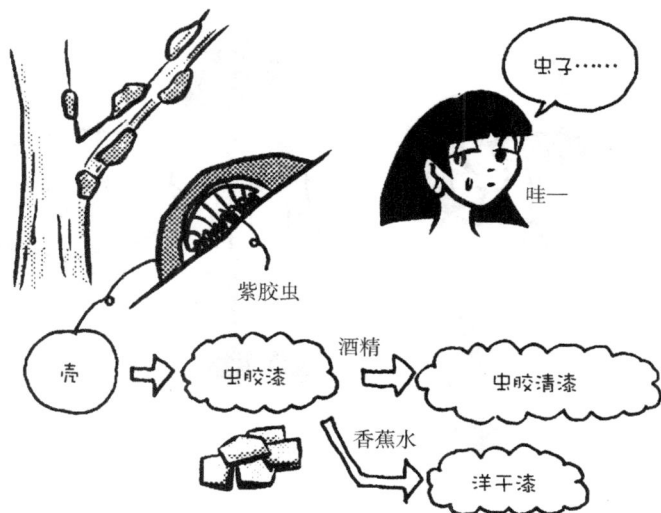

虫子……

哇一

紫胶虫

壳 ⇒ 虫胶漆 —酒精→ 虫胶清漆

—香蕉水→ 洋干漆

Q 什么是珐琅涂料?

A 是由不透明但有光泽的涂膜形成的内含颜料的涂料。

英文的enamel的原意是具有玻璃质感的珐琅，牙齿表面也是有enamel质感的。

因为能形成有光泽的颜色并具有不透明涂膜，所以称这种涂料为珐琅涂料。这种涂料的特点是其涂膜有平滑的光泽以及玻璃质感。指甲油等也被称为珐琅涂料，其原因也在于此。

如果颜料中含有某种成分的树脂涂料，称其为某种树脂珐琅，如氟树脂珐琅、硅树脂珐琅、聚氨酯珐琅、亚克力树脂珐琅、邻苯二甲酸树脂珐琅、环氧树脂珐琅等。

对应于虫胶清漆是透明的涂膜，洋干漆珐琅则是不透明的涂膜。

皮革制品等也会被称作珐琅，这是因为在皮革表面涂了珐琅涂料，是增强其光泽的一种加工方法。

珐琅涂料的特色是光泽，根据使用的不同可以加工成有光泽、无光泽和半光泽的形式。

OO树脂珐琅
洋干漆珐琅

是带有光泽的
有色涂膜

Q　钢筋混凝土结构的商品住宅楼，各个住家之间的隔墙是用什么做的？
　▼

A　钢筋混凝土。

◆ 住宅楼是指土地由大家共同拥有，建筑整体本身也是大家共有，只有用墙体间隔起来的空间才属于各自家庭专有的，可以说这是一种特殊所有权。

为了确实保证各家的专有空间，住家之间的隔墙建议用钢筋混凝土墙体。隔墙不能简单地被移动，不能轻易损坏，也不会烧坏。如果很简单地就能移动的话，那么各家的专有权利就不明确，如同土地的界线不清楚一样，容易成为纠纷的原因。

钢结构住宅的各住户之间，也有设置钢筋混凝土隔墙的。不管用什么样的隔墙，原则上采用不易移动、不会损坏、不易燃烧的材料。

中小规模的住宅楼，一般用钢筋混凝土隔墙作为各家之间的界线，当然，顶棚和地板也是钢筋混凝土结构的，这样的钢筋混凝土所围成的区域，就是自己家庭的专有空间。墙体本身以及楼板本身都属于共有部分。

钢筋混凝土

钢筋混凝土

钢筋混凝土

将住家围住的是钢筋混凝土墙体哟

是被坚硬的材料包围起来的噢

11

内装修

Q 钢筋混凝土结构的商品住宅楼，各个住家内部的隔断墙是用什么做的？

▼

A 用木质或轻质钢材料。

如果是框架结构，每个住户内部的墙体用木材或轻质钢材；如果是剪力墙结构，按照设计要求在需要用钢筋混凝土墙体的部位用钢筋混凝土，其他部分还是用轻质材料为好。

如果住户内部的墙体也用钢筋混凝土，那么，为了支撑墙体的重量，需要在楼板下方设置梁，这样就会提高造价。另外，将来内部重新装修室内平面布置需要改变时，内部设置的钢筋混凝土墙壁也不容易简单地拆除。但墙壁用木材等轻质材料的话，就能很容易地拆除。

只需要把中间支撑柱按间隔30～45cm左右排放，然后在其两侧贴上板料就可做成木质材料的隔墙了。中间支撑柱所用材料大约为普通柱子1/2或1/3左右。轻质钢材隔墙，中间支撑柱也是按照30～45cm的间距排放，然后在其两侧铺设板材即可。只是这里的中间支撑柱，是用薄铁板弯曲加工而成的"C"形截面轻钢柱。

这样的轻质隔墙，只具有用力踢能够踢飞那么一点强度。隔墙隔声效果差，只能通过贴多层板材来提高它的等级了。

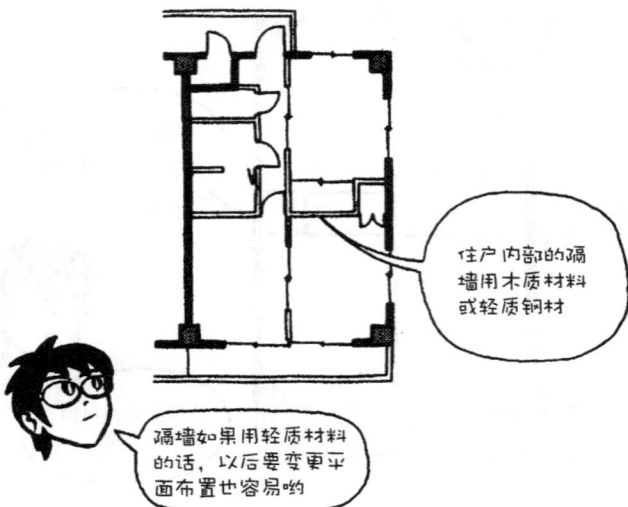

住户内部的隔墙用木质材料或轻质钢材

隔墙如果用轻质材料的话，以后要变更平面布置也容易哟

Q　内隔热和外隔热有什么区别?

A　是将隔热材料放到钢筋混凝土结构内侧还是放到外侧的区别。

这两种隔热方法都是指将聚苯乙烯泡沫、聚氨酯泡沫以及玻璃棉等不易传递热量的材料粘贴到钢筋混凝土结构上,区别只是粘贴到外墙的外侧还是内侧。

如果经济允许的话,钢筋混凝土结构的外隔热更有优越性。最突出的体现是建筑的耐久性绝对不一样。使用外隔热方法,能保证日晒雨淋等都不会直接作用在结构本体上,所以减小了结构本身损伤的概率;但使用内隔热方法,由于钢筋混凝土本体受到反复的热胀冷缩的影响,使雨水有机会渗入结构并造成钢筋锈蚀等问题,所以更容易造成结构损伤。

房间的热环境也是使用外隔热会更有效果。打开取暖设备,钢筋混凝土结构全体都能变暖,这就像在结构外部包裹了一个棉被一样,而变暖后的RC结构在这个棉被的包裹下,也不容易再变冷。这种方法尽管从最初打开散热器到整个房间变暖,需要一定的时间,但在整个取暖季节内都能保证结构整体是温暖的,所以结构本身的温度变化不会过大,从而保证室内温度适宜。而内隔热方法,只能使室内变暖。这种方法虽然在最初打开暖气时能使室内升温很快,但温度升高的只是空气而已,结构仍然是冷的,所以升温后的空气又会很快变冷。

另外,内隔热会引起室内结露现象,也是这种方法的一个缺陷。内隔热方法的钢筋混凝土外墙表面是冰冷的,所以从内向外散出的水蒸气在此遇冷变成水滴而结露。由于是在隔热材料的内部结露,所以处置起来比较麻烦,而且容易产生霉斑,是室内空气污染的重要原因。

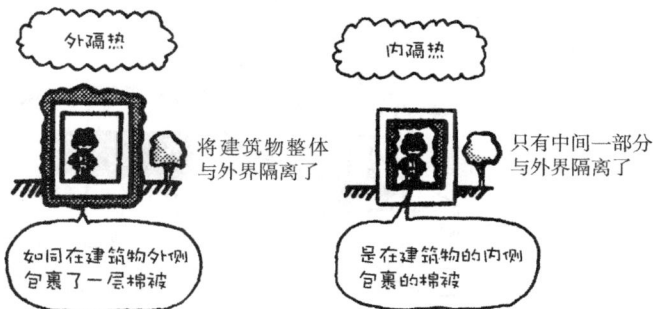

外隔热　　　　　　　　　　　内隔热

将建筑物整体与外界隔离了　　　只有中间一部分与外界隔离了

如同在建筑物外侧包裹了一层棉被　　　是在建筑物的内侧包裹的棉被

Q 什么是聚苯乙烯泡沫板（Polystyrene Form）？

A 是指含有大量气泡的聚苯乙烯板材。

这种板材，通常是商品名为"保丽龙"的产品更有名气。这种材料中含有大量气泡，所以不易导热，作为隔热材料被广泛应用。

英文 form 是指成型后的板材，聚苯乙烯泡沫板就是用聚苯乙烯作为原材料加工成型的泡沫材料。尽管这种材料在空气中具有不易导热性，但如果空气对流的话，还是会传递热的。如果将其封闭到一个小体积内，空气就不会流动，所以能提高它的隔热性能。聚苯乙烯泡沫板里的气泡，就是被封闭起来的各自独立的小空间，所以不易导热。

与上述材料相似的，是用来捆扎包装用的泡沫苯乙烯。泡沫苯乙烯中的气泡不是独立的，而是在苯乙烯颗粒周边以分散的形式分布的，所以与聚苯乙烯泡沫板相比隔热性能不高。

聚苯乙烯泡沫板的泡沫还有不易压碎的特点。榻榻米板上用的新型材料，其内部就是聚苯乙烯泡沫板材，所以尽管上面有家具，还有人走动，但泡沫不会被压碎。在这种材料上面打设混凝土、停车都没有问题。因为放置其上的重量会被分散，所以可以承受比较大的荷载。

另外，由于气泡比较多，它本身的重量也会变轻。这个长处，不仅能减轻建筑物的重量，还让施工的搬运工作也变得轻松。另外，这种材料还具有不易吸水的特性。

气泡多所以轻哟

聚苯乙烯泡沫板
（保丽龙）

不易压碎

是各自独立的气泡哟

Q 聚苯乙烯泡沫板（保丽龙）是怎样贴到钢筋混凝土结构上的？
▼

A 在支模板阶段预先埋入模板内，然后再打设混凝土，这样聚苯乙烯泡沫板和混凝土就浇筑成一体了。这是常用的一种方法。另外，还有一些内装修用的聚苯乙烯泡沫板产品，可以把这些成品板材用黏结材料（GL胶等）固定到钢筋混凝土墙体上。

■ 把带隔热材料的板材粘贴到墙体上的方法，因为出现过一些由于隔热材料比较薄而造成连接处断裂的现象，给这种方法的可靠性带来了疑问。但与混凝土打设在一起的隔热板，因为与混凝土形成整体，通常是更受欢迎的方法。

基础下部隔热以及屋面隔热，也经常选择与混凝土一同浇筑的方法。屋顶隔热是在防水层之上铺设聚苯乙烯板，然后在其上面打设压顶混凝土以保护防水层和隔热层。

外隔热使用将聚苯乙烯泡沫板材与混凝土一起浇筑的方法，但隔热层的外侧需要进行外墙装修。为了支撑外墙装修材料，在打设混凝土时就要把预埋件布置好。

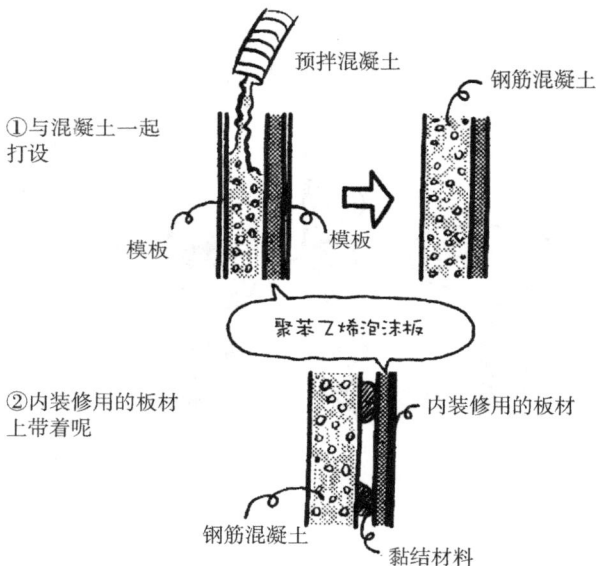

①与混凝土一起打设

预拌混凝土

钢筋混凝土

模板　模板

聚苯乙烯泡沫板

②内装修用的板材上带着呢

内装修用的板材

钢筋混凝土

黏结材料

Q 什么是现场发泡聚氨酯泡沫？

A 在现场通过喷射而形成的聚氨酯泡沫隔热材料。

　　这种施工方法是对着钢筋混凝土墙体直接喷射而在墙体上产生聚氨酯泡沫，从而形成3～5cm左右厚度的隔热材料。这种材料与聚苯乙烯泡沫相似，也是在内部有很多气泡，是不易导热的隔热材料。

　　由于是在现场喷射到需要之处，对于墙壁的死角、柱与梁的结合部分等凹凸部位及其缝隙都能喷射到，所以与聚苯乙烯泡沫相比，这种喷射方法不会留有隔热缝隙。

　　这种材料遇水后隔热性能降低。不过，近几年也开发出了长期不吸收水分的产品。另外，由于是喷射形成的厚度，不可能保证各处的厚度都相同，存在隔热层厚薄不均匀的问题。

　　在钢筋混凝土墙体上形成聚氨酯泡沫后，再用专用的胶粘剂（GL胶）贴上板材。由于聚氨酯泡沫表面不平整，所以在板材和泡沫之间用胶粘剂调整空隙，进行粘贴，这样就能做成平滑的垂直面了。之后再在板材上贴墙纸或涂装就可完工了。

　　要使窗框和钢筋混凝土墙体之间的缝隙以及隔热材料之间的小缝隙里也有隔热材料，使用市面上可以买到的小罐喷雾型聚氨酯泡沫喷剂就能实现。这是一种很方便使用的填补小缝隙用的产品。

聚氨酯泡沫

板材

钢筋混凝土　胶粘剂

咻—

是在现场喷射就能发泡的聚氨酯隔热材料哟

Q　什么是玻璃棉（glasswool）？

A　用玻璃纤维做成棉花状或羊毛状的隔热材料、隔声材料。

英文单词glass指的是玻璃。玻璃是不燃物，而且具有不溶于水、不腐蚀、不受虫害等优点。

将玻璃加工成短细的丝状纤维，并做成像棉花那样的形状，这就是玻璃棉。英文单词wool是羊毛的意思，这里是指像羊毛那样的棉状材料。

把纤维做成棉状，纤维中会产生很多独立的小气泡，能像其他泡沫状材料一样，成为不易导热的材料。

玻璃棉一般用单位体积（$1m^3$）的质量（单位：kg）来表示，有$10kg/m^3$、$16kg/m^3$、$24kg/m^3$等表示方法，并简略表达成10K、16K、24K。对于玻璃棉而言，单位体积质量越大，表明内部的独立气泡被细化成更多的小气泡，所以隔热性能就越好。

玻璃棉：单位体积质量大的→隔热性能好

把球打到棉被上，球不会弹回来，这是因为能量被柔软的棉质品吸收了。同样道理，玻璃棉能吸收声音产生的能量。声音在柔软的棉质材料中振动，同时玻璃棉内的小气泡也随之振动，吸收空气中由声音引起的振动能量。

因此，玻璃棉除具有不燃性外，还有优越的隔热性能和吸声性能，所以被广泛应用在建筑物的隔热材料、音乐室以及机械室的吸声材料中。

玻璃（glass）　　　　　　　　　　　　羊毛（wool）

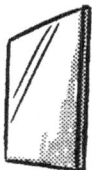

玻璃制成的纤维

像羊毛一样

不燃物　　　　　　　　　　　　　　隔热性能、吸声性能

Q 怎样安装玻璃棉?
▼

A 玻璃棉像柔软的靠垫那样，所以需要用龙骨等将其夹在中间进行固定。

用在木结构上时，在龙骨柱之间塞上装有玻璃棉的袋子，再用钉子将其固定到龙骨柱上。如果用在木结构的地板上，要在地板龙骨的下面铺上丝网防止掉落，并将玻璃棉固定在地板龙骨之间。

用在钢筋混凝土结构上时，如下图所示，先将龙骨杆件沿横向固定住，然后将玻璃棉塞入横向龙骨之间，并用专用钉子固定到钢筋混凝土结构上；纵向龙骨与横向龙骨垂直交叉固定在横向龙骨上面，然后在纵向龙骨上面安装外装修用材料。下图是将玻璃棉贴到墙壁外侧的做法，所以是外隔热形式。

尽管还有其他各种各样的施工方法，但与聚苯乙烯泡沫板相比，玻璃棉隔热的施工安装更复杂。聚苯乙烯泡沫是板材形式的，而且有一定厚度保证自身稳定，所以可以在其上直接贴上装修板材。而玻璃棉是棉状的，所以不容易保持自身形状，在固定上也需要下功夫才行。

如果施工过程中下雨，雨水渗到玻璃棉中也很麻烦。因为玻璃纤维本身是不吸收水分的，所以雨水会进入周围的空气孔洞中。所以如果玻璃棉渗入雨水，必须使其干燥，如果有水分在其中，会影响隔热效果。

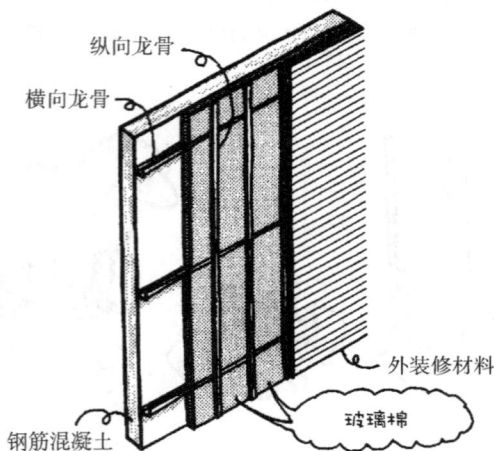

纵向龙骨

横向龙骨

外装修材料

玻璃棉

钢筋混凝土

Q 怎样在钢筋混凝土结构墙体上贴乙烯墙纸？
▼

A 钢筋混凝土墙体的表面不是很光滑，所以需要先在墙体上用胶粘剂贴上石膏板，然后再将乙烯墙纸贴到石膏板上。也可以先抹砂浆，再贴墙纸。

拆模后的钢筋混凝土墙体表面通常都是坑坑洼洼的，不够平整。如果设计之初就决定用清水混凝土墙面的话，墙体表面的混凝土应该更平整一些，但一般普通设计的混凝土墙面都做不到很平整。

贴墙纸的通常做法是：先将石膏板用专用胶（GL胶等）贴到钢筋混凝土墙体上，一般按20cm左右的间隔涂上专用胶，然后把石膏板压到胶上粘住。由于专用胶在混凝土面和石膏板之间有2cm左右的厚度，所以能使墙体表面更平整。

给这种用专用胶将石膏板贴到混凝土墙面上的做法起了一个商用名称，叫做GL胶法，或GL工法。GL工法不仅用于混凝土墙面，而且在聚苯乙烯泡沫（保丽龙）表面以及聚氨酯泡沫等表面也使用这种方法。外墙隔热工程完成后在外墙贴板材时也会用GL工法。

如果不用胶贴方法的话，还可以采用预先在混凝土中等间隔预埋木块（或称为木砖）的方法。这种方法是将龙骨钉到木块上，然后再将板材钉到龙骨上固定。目前，由于用胶贴法简便易行，所以开始普及起来了。

在混凝土表面抹上砂浆，也可以平整表面。一般在混凝土墙体表面涂抹3cm左右厚度的砂浆找平，然后再在其上贴墙纸或抹涂料。这种方法也被称为直接贴墙纸方法。

商品住宅各住户之间的隔墙，如果在墙体两侧都使用GL工法，在墙内会形成同样厚度的空气层，从而导致声音共鸣，所以通常会在这些部位使用两侧抹砂浆或一侧贴石膏板一侧抹砂浆的做法，以避免共鸣。

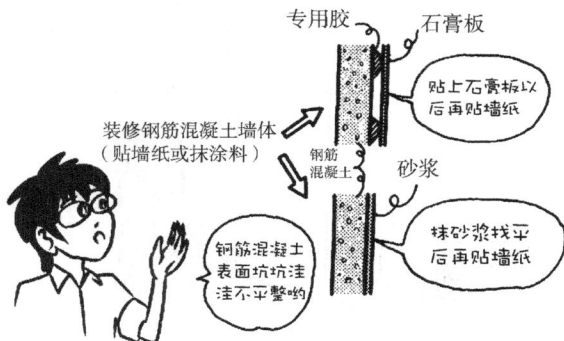

专用胶　石膏板

贴上石膏板以后再贴墙纸

装修钢筋混凝土墙体
（贴墙纸或抹涂料）

钢筋混凝土

砂浆

抹砂浆找平后再贴墙纸

钢筋混凝土表面坑坑洼洼不平整的

Q 把装饰墙板贴到钢筋混凝土墙体上时，为什么要把装饰板从地面悬浮起来，与地板有空隙呢？

A 为避免装饰板吸收来自地面的水分，所以做成悬浮的。

如下图所示，施工时，先把装饰板搁置在地面上的楔块上，然后用GL胶贴到钢筋混凝土墙体上。一般下部留出10cm左右的空隙，为了避免混凝土地面的水分渗入到装饰板内。

在各住户之间的隔墙上贴两块装饰板时，为了防止声音的穿透，也会采用在地面上不留空隙而从地面一直贴上来的做法。这时，需要确认地面是完全干燥的。最理想的做法是先在装饰板根部放入吸水率低的棒材，然后再在棒材上面搁置装饰板并贴好。

GL胶是石膏专用胶，能直接将石膏板贴到钢筋混凝土墙面、聚苯乙烯泡沫表面以及聚氨酯泡沫表面上。

把GL胶做成小球，等间隔布置到钢筋混凝土墙体并贴上装饰墙板的方式，可以实现使板材离开地面10 ~ 15mm左右的悬浮。如果板材的厚度是12.5mm的话，那么钢筋混凝土墙体表面到板材表面的距离大约为25mm左右。

GL胶12.5mm + 板材厚度12.5mm = 25mm

这是个比较容易使用的数字，所以一般会在图纸上直接指定为25mm。如果隔热材料为30mm，就会变成：

隔热材料30mm + GL胶12.5mm + 板材厚度12.5mm = 55mm

根据墙体的使用位置的不同会有所差异，但一般情况下，会按10 ~ 30cm间隔，把GL胶球布置在钢筋混凝土墙体上。

Q　什么是固定槽（runner）？
　　　▼

A　是指在内部隔墙的上下部分，为了固定隔墙而设置的U字形轻钢骨架。

英文runner除了"行走者"之意之外，还有推拉门的滑轮沟、门槛的意思。在建筑中使用的runner这个词汇，是指细长的带有沟槽的构件。

轻钢骨架，正如文字表述，是指轻质钢材做成的骨架。称其为轻质，是因为这种骨架一般是用0.8mm左右的薄板弯折而成的棒状构件。轻质钢材材料也简称为轻钢材料。

轻钢材料用符号LGS表示，是英文的Light Gauge Steel（轻质规格的钢材→轻钢骨架）的略写。图纸上用轻钢材料、LGS等符号表示。

虽然同样被称为U形截面，但这种固定槽与沟槽截面的钢材是不一样的。沟槽截面钢材是将熔化钢浇铸到沟槽后形成的钢材。轻钢的固定槽可以用一只手搬运，但沟槽钢却很沉，如果落到地上会造成伤害。

固定槽的一般施工方法，是先将固定槽临时固定在地板和顶棚的钢筋混凝土结构上，然后用机械零件打入钢筋混凝土结构使其最终固定。与固定槽同时设置的垂直中间柱也固定好之后，再在上面粘贴板材。

是用薄钢板弯折后制成的哟

固定槽

是要先固定好固定槽，然后再贴板材哟

固定槽

Q 什么是壁骨?

A 是指为固定隔墙而设置的轻钢骨架的中间小柱。

将前述的固定槽固定到钢筋混凝土结构上之后,再设置壁骨。壁骨是用螺栓固定到固定槽里的。

中间小柱是木结构用语,指按45cm左右间隔放置在墙体上的用来固定墙体的小柱子。这种小柱只是用来固定两边墙板的,所以可以用比较细小的构件。中间小柱的英文是stud。

轻质骨架的中间小柱,其截面尺寸一般为30mm×65mm左右,但高度较高时,一般用30mm×75mm、30mm×90mm、30mm×100mm等截面尺寸。

在65mm厚度的两侧再粘贴12.5mm厚度的板材后,用轻钢骨架做好的隔墙厚度为12.5mm + 65mm + 12.5mm = 90mm,也就是9cm左右。如果要提高隔声效果和防火性能,需要再加大板的厚度。

中间小柱

为了stand
而设的stud

Q   1   什么是轻钢骨架的加固条？
      2   什么是轻钢骨架的隔件（spacer）？

▼

A   1   是布置在壁骨之间的U字形轻钢骨架，连接壁骨并防止壁骨的
           振动及倒塌。
      2   填塞在壁骨里面，防止壁骨U字形构件向内侧压坏而设置的金
           属配件。

加固条如文字所述，起到固定作用并防止构件振动。用与固定槽
和壁骨同样形式的薄壁钢板弯折成棒状构件，连接到壁骨之间。

壁骨上面最初为了防止振动而设置了一些孔洞，所以加固条可以
穿到壁骨的孔洞内，也可以放置到隔件的沟槽里。

壁骨是用薄壁钢板弯折成型的棒状构件，如果从两侧挤压，U字容
易压扁屈曲，为了防止这种现象发生，需要在壁骨上面放置隔件。

隔件是由英文space（间隔）这个单词衍生而来的，在建筑工程中，
很多地方使用隔件。为了固定模板间隔而使用的金属构件也称之
为隔件。

隔件上留有沟槽，这是为了安装加固条而设置的。隔件在壁骨的
上下端开始，按照60cm左右的间隔布置。

防止振动

很结实哟

隔件

Q 轻钢骨架墙体开口处的加强构件有什么作用?

▼

A 是为了在门窗等开口部位加强洞口而设置的构件。

门需要时常开启,另外,搬运家具时也容易碰撞到,所以开口部位会因不同受力而易于损坏。因此,需要设置加强构件。这些构件也被称为开口补强构件、补强构件、补强壁骨等。

开口补强构件与壁骨同样弯折成C形的轻质棒材。因为比壁骨需要更大的强度,所以用2.3mm厚度的钢板加工而成。壁骨和固定槽一般用0.8mm厚的板材。

壁骨、固定槽→0.8mm厚的板材

开口补强构件→2.3mm厚的板材

用L形金属配件,把开口补强构件固定到地板和顶棚等部位;水平方向搁置在洞口上框的补强构件,需要用L形金属配件固定在垂直方向的补强构件上。

固定槽

补强构件

壁骨

壁骨

补强构件

Q 是否可以用木骨架代替轻钢骨架？

▼

A 可以。

◆ 轻钢骨架的壁骨也可以换成木制间柱。木制小间柱的宽度一般有 105mm（105mm×30mm）、90mm（90mm×45mm）、75mm（75mm×45mm）、60mm（60mm×45mm）、45mm（45mm×45mm）等各种形式。

木结构的柱截面为 105mm 见方，所以为了配合木结构柱的尺寸，经常使用 105mm 宽的间柱。RC 结构中也使用 105mm 宽的间柱，但也不乏使用 45mm 宽的。细间柱比想象的更能承受重量。当然粗大的间柱更好，但用粗厚的间柱会占用房间的使用面积而使房间变狭小。间柱的间隔一般为 30cm、45cm 左右。即使两面粘贴板材，用 45cm 的间隔也不会有问题。板材的接缝处一定要做好打底工作。在门窗等开口部位，与前述的轻钢骨架一样，需要设置双重间柱进行补强。间柱的上下需要用钉子固定到水平方向的构件上。这些用来固定间柱的上下水平构件，一般上部的称之为楣木，下部的称之为基础木，并且多用与间柱相同的材料。楣木和基础木用钉子或锚固螺栓固定到混凝土上。

用木材也可以哟

板材

木棒之间的建筑（壁骨）

Q 什么是轻钢骨架顶棚的覆面吊顶龙骨（日语：野缘）？

A 是为了将顶棚板材固定住而使用的一种棒状材料。

与壁骨一样被做成C形。为了增加其强度，其下边缘做成凹凸弯折型的，其厚度比壁骨稍微薄一些，一般为0.5mm厚。其尺寸一般为50mm×25mm以及25mm×25mm，比壁骨小很多。

吊顶龙骨是木结构用语，是指支撑顶棚的棒状构件。日文的"野"是指粗糙，作打底用的意思，指藏在内部的构件。日语的"野板"是指切好的没有进行任何加工的粗糙板，而不是指用在表面的光滑板材。日语的"野地板"是指铺设在屋顶的打底用的板材。

日语的"缘"是指端部，但也有细细棒材的意思，所以压缘是指压住板材的细棒。

吊顶龙骨是指打底用的、藏在内部的棒状构件，是在顶棚里面打底用的棒状构件。固定顶棚的棒材被称为吊顶龙骨。即便是用轻钢制作的龙骨，如果用覆面吊顶龙骨这个词，仍然是指为了固定顶棚而设置的棒状构件。这些构件一般按30cm左右间隔排列设置。

板材的接缝处，使用被称之为双幅吊顶龙骨的宽度较宽的吊顶龙骨；而在板材的中间部分，使用宽度较窄的单幅吊顶龙骨。

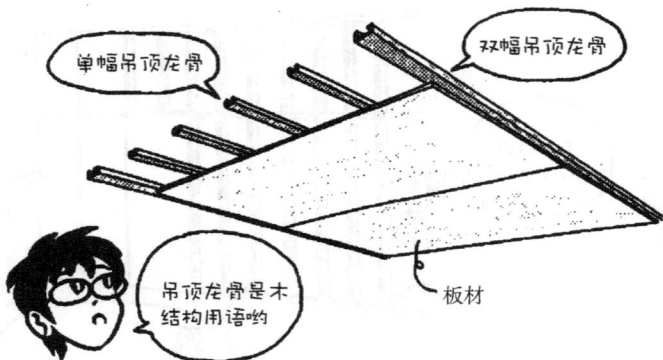

单幅吊顶龙骨

双幅吊顶龙骨

板材

吊顶龙骨是木结构用语哟

Q 什么是轻钢骨架顶棚吊顶龙骨的承载龙骨?

▼

A 是指承受荷载、支撑龙骨的棒状构件。

因承受荷载并支撑龙骨而得名,一般是25mm×12mm左右的"コ"形槽板。因为要承受多个覆面龙骨传来的荷载,所以比覆面龙骨要粗大,一般用1.6mm左右厚度的钢板弯折而成。

覆面龙骨一般按30cm左右的间隔排列,但承载龙骨一般按90cm左右的间隔排列。

覆面龙骨→30cm间隔

承载龙骨→90cm间隔

木结构上的覆面龙骨,一般用45cm见方的格子组合形式,这种情况下,放置在上方的构件是承载龙骨。另外,还有将覆面龙骨和承载龙骨组合在同一平面的布置形式,这种情况下,哪个是承载龙骨,哪个是覆面龙骨就不容易区分了,所以双方都被称为承载龙骨。与木结构不同的是,轻钢骨架的承载龙骨和覆面龙骨的开口不一样,覆面龙骨的开口是"C"形截面,而承载龙骨则是"コ"形的。

一般用专用的挂件夹子吊住覆面龙骨,然后固定到承载龙骨上。根据覆面龙骨宽度的不同,有单幅挂件以及双幅挂件。

承载龙骨

承受龙骨荷载,所以叫承载龙骨

意同文字的

Q 轻钢龙骨顶棚的承载龙骨用什么吊起来呢?

A 用吊杆和吊架。

承载龙骨先用吊架连到吊杆上,然后再把吊杆用螺栓固定到楼板的预埋件上。用"楼板预埋件+吊杆+吊架"将顶棚吊起来。

预埋件是在支模板时放置在模板内并与混凝土一起浇筑的。预埋件是螺母形式的,约为9mm左右直径的吊杆被拧到预埋件的螺母里。吊杆的两端是丝扣,或整个吊杆都是丝扣。吊杆按90cm左右间隔固定到楼板上。

吊杆的下端有吊架(hanger)。英文hanger是hang什么东西的意思,吊起来的意思,这里是把承载龙骨吊起来的金属配件之意。

通常用夹子之类的金属构件固定承载龙骨和覆面龙骨。若按从上往下的顺序写的话,可以这样表示:

楼板→金属嵌入件→吊杆→吊架→承载龙骨→夹子→覆面龙骨→吊顶用的板

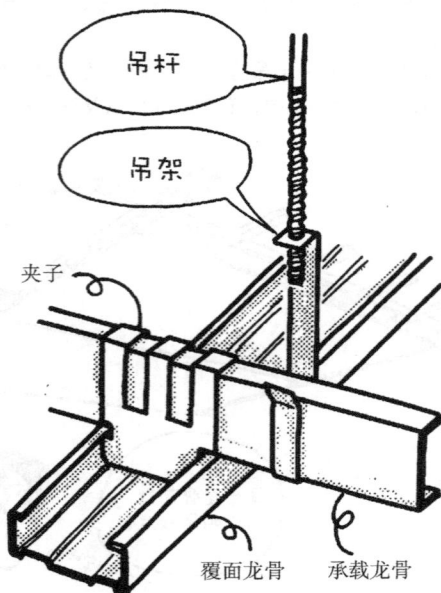

吊杆

吊架

夹子

覆面龙骨　　承载龙骨

Q 什么是石膏板?

A 将石膏做成板状，并在两侧贴上纸后用来作为内装修板材的石膏。

石膏的英文是plaster，也称之为石膏板（Plaster Board），其略写是PB。石膏是白粉状，遇水后凝固。素描时用的石膏像就是常见的石膏制品。

石膏板不易燃，有重量，故不易传导声音，不会被虫咬，也不会腐烂，造价不高，所以经常被用作内装修材料。住宅商品楼和住宅租赁楼的墙壁，基本都是使用石膏板进行内装修的。

但由于石膏板有遇水易碎、强度不高等弱点，所以不被用在外装修材料上。另外，石膏板上不能使用钉子和螺栓等，成了使用石膏板的难点。所以，如果要在石膏板上挂画或镜子的话，需要板材锚固用的树脂或金属配件。

另外，厨房墙壁等容易遇水的地方，要用加了防护外套（sheathing）的石膏板。英文sheathing有外壳、防护物的意思，这里是指进行过防水处理的石膏板材，这种板材表面贴了防水纸，但仍然不能用在多水的环境里。

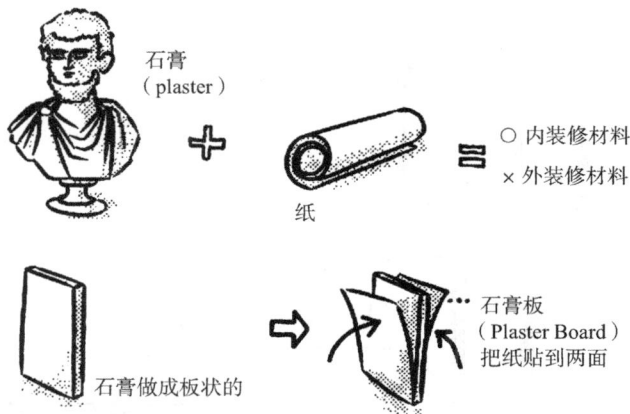

石膏
（plaster）

＋

纸

＝

○ 内装修材料
× 外装修材料

石膏做成板状的

➡

石膏板
（Plaster Board）
把纸贴到两面

Q 石膏板多厚?
▼

A 一般用在墙体上的是12.5mm厚、用在顶棚上的是9.5mm厚。

人会碰撞到墙体,所以墙体上用的板要厚一些,通常使用12.5mm的板材,也会使用15mm的板材。

如果用65mm的壁骨和12.5mm的板材做成隔墙的话,墙厚为12.5mm + 65mm +12.5mm = 90mm。

因为天花板不会有东西碰到,所以使用9.5mm的薄板。

　　　隔墙→12.5mm、15mm

　　　顶棚→9.5mm

要做成隔声效果好的墙壁的话,需要贴双层12.5mm厚的板材。这种情况下,板材不能只贴到顶棚,而要贴到楼板处。如果只贴到顶棚,顶棚里面的声音还是会传出来的。木结构的每户之间的隔墙,为了隔声效果,一般铺设双层板材。这时,板材同样不是贴到顶棚就结束,而是一直延伸到结构处。

为了提高抗火性能,也会铺成双层。不管哪种情况,多铺设几层的话,能改善墙体的性能。

厚度为12.5mm的石膏板用符号PB厚12.5等表示。

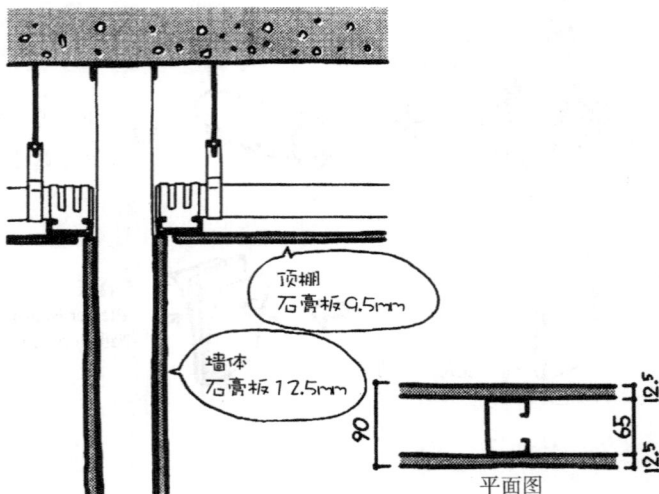

顶棚
石膏板9.5mm

墙体
石膏板12.5mm

平面图

Q 石膏板之间的接缝怎么处理？

▼

A 用胶带和腻子进行处理。

石膏板粘贴后，一般做法是在其上涂装EP涂料或铺设乙烯墙纸等。
但石膏板的接缝如果不处理的话，就会看到凹缝，并可能在接缝
处出现割裂现象。

所以，在接缝处，需要做凹缝平整并使接缝处板材不分离的工作，
这个过程称之为接缝处理，也被称为干式墙体工法（dry wall）。也
有人称之为连接工法。接缝处理使用专用胶带和腻子进行。胶带
是用纤维在纵横两个方向进行过强化的树脂制成的，用来防止板
材之间的分离；腻子是用水泥等材料制成的涂抹后能凝固的材料。
接缝是通过一个反复平整的过程完成的，即开始先用腻子平整凹缝，
然后在其上贴胶带以防止分离，之后再在胶带上抹腻子，然后再贴
上胶带。也有开始先大面积贴胶带后再在胶带上刮腻子的处理方法。
木结构住宅楼等比较廉价的结构，也有不进行接缝处理而直接先
铺设乙烯墙纸的做法，但经过一段时间后，会出现墙纸在这些地
方损坏或出现凹凸痕迹，所以还是应该先处理接缝再铺设墙纸。

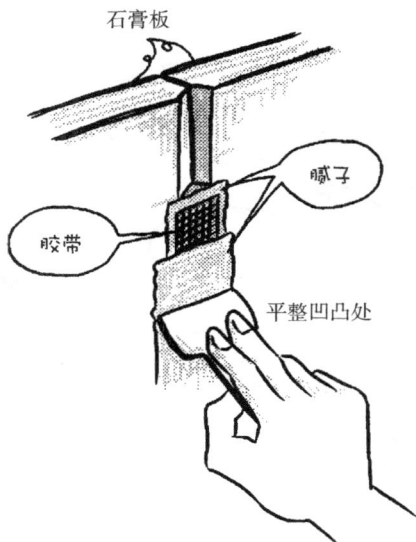

石膏板

腻子

胶带

平整凹凸处

Q 什么是装饰石膏板?

A 是指在石膏板表面用带有凹凸、颜色或图案的布粘贴过的石膏板。

这样的石膏板可以直接用到顶棚或墙壁上作为装饰材料。由于这种材料造价低，所以多被用于顶棚等处。这种情况，石膏板装好后不用再进行接缝处理以及其他涂装或再贴墙纸等处理。

像隔声板材那样上面带有凹凸不平表面的板材（吉野石膏的jiputoon等产品），只要在覆面龙骨上用螺栓固定就可以完成装修。尽管外表像隔声板材，但凹凸比较浅，所以不会有隔声效果。

也有洞石模样的开小洞的jiputoon产品，910mm见方的板材相互按通缝排列，用螺栓在覆面龙骨处固定。专用的螺栓头部被涂成白色，所以从下面看也不会很醒目。尽管造价低，但看起来也还过得去，所以经常被用到办公楼或教室等建筑的顶棚上。

粘贴了印有木纹的石膏板，会用到住宅的和室顶棚等地方。因为印刷质量特别好，而且从地面到顶棚有一定距离，所以跟真木板比起来分不清真伪。

乙烯墙纸也可以预先贴到石膏板上。由于使用在墙壁上仍然会有接缝问题，所以并没有像jiputoon产品那样被广泛应用。

洞石图案的孔洞

木材图案

像墙纸的样子

是经过化妆后的石膏板哟

Q 什么是岩棉吸声板？

▼

A 岩棉（rock wool）作为主要原料制成的装饰材料，具有不易燃、吸声，以及隔热等特点。

日本生产厂家日东纺的sooraaton、mineraaton是具有代表性的知名产品。除表面有虫蚀状图案这样的标准板面外，还开发了各种各样表面凹凸不平的商品。

岩棉吸声板材的表面柔软并且凹凸不平，所以吸声性能非常好。因为柔软，所以可以使用到顶棚上，厚度有12mm和15mm。

将石膏板材铺设到覆面龙骨上之后，其上可以直接贴岩棉板。但如果直接用螺栓固定到覆面龙骨上的话，由于太柔软，很容易损坏。

大型办公楼、食堂、礼堂等地方容易有回音，所以常用岩棉吸声板铺到顶棚上。岩棉与石棉（asbestos）不同，岩棉没有致癌性。

　　　岩棉→rock wool→可以使用

　　　石棉→asbestos→不可使用

虫蚀图案

各种凹凸状

岩棉吸声板具有
不易燃、吸声等
特点哟

Q 什么是石膏条形板（lath board）？

▼

A 是进行抹灰时作打底用的、带有很多孔洞的石膏板材。

英文的lath是指涂刷墙壁时打底用的细长条板材，这里是指设置很多木条，然后其上布置网状材料，之后再刷涂料的墙壁。石膏条形板是指用石膏代替木条板材。

在古时，泥水工程是一个比较中性的词汇。现在，无论是砂浆还是粉刷等与涂抹有关的工作，全部都称为泥水工程。

石灰粉刷是指在石灰里加上麻纤维，并用水搅合到一起的材料，用来粉刷墙壁。一般用于和室和仓库等地方的粉刷。

石膏条形板用于室内抹灰工程，室外需要防水性能强的板材。

石膏条形板的孔洞不贯通板厚，在板厚中部就停止了。由于有很多的孔洞，所以能够使粉刷紧密贴在墙上而不易脱落下来。

为了使抹灰材料不掉落而设置的孔洞哟

石膏条形板

Q 水泥系列板材都有哪些种类?
▼

A 有硅酸钙板、柔性板、大平板以及木丝水泥板等。

只用水泥制成的板没有黏结力,马上就会断裂或损坏。因此,大家下功夫在水泥里放置各种各样的纤维,期待制成不易断裂、有韧性的板材。之前大家使用石棉,但因其有致癌性,所以现在使用其他的纤维代替石棉。

水泥系列板材中,最常使用的是硅酸钙板,也略称为硅酸板。硅酸钙板的分子式是$CaSiO_3$,是硅元素的化合物。硅酸钙板是将硅元素化合物与纤维和水泥(石灰类原料)混合而制成的板材。由于其耐热性能和耐水性能都很好,所以常被用在厨房和浴室的墙壁、顶棚以及外部屋檐顶棚等地方。同时,由于其耐火性能好,所以也被用到防火覆盖层和防火结构的墙壁等地方。硅酸钙板上可以刷涂料,也可以在其上面贴墙纸。刷涂料时需要先打底,将坑坑洼洼的地方整平。另外,作装饰板材用的硅酸钙板也有一些产品。

柔性板正像字面意思,是将硬邦邦的容易断裂的水泥板变成柔软的板材。之前也是用添加石棉的方法,但现在使用其他纤维材料。

大平板是一种便宜的水泥板材。硅酸钙板、柔性板上是可以钉钉子的,但大平板容易断裂,所以用螺钉固定。

木丝水泥板是在水泥里添加像毛发那样细的织带状的木头丝而形成的板材,这种板材主要用来打底,但也用在停车场的顶棚上。

水泥系列
的板材有
｛ 硅酸钙板
柔性板
大平板
木丝水泥板 ｝可以钉钉子

屋檐顶棚等地
方使用哟

Q 什么是自攻螺栓？
▼

A 带有刀刃状端头并且全部螺杆都带有丝扣的螺栓，被广泛应用到固定板材等方面。

自攻螺栓的日文源自英文的tap，词源是tap dance，这里是轻轻敲打之意。自攻螺栓是指轻轻敲打着钻入的螺栓，一般用冲击钻锤（不只是通过旋转使螺栓拧入，还会轻轻振动的钻）钻入自攻螺栓。使用冲击钻锤固定板材时会用到自攻螺栓。一般情况下，自攻螺栓的端部做成刀刃状（也有不是刀刃状的），一边转动一边钻入板中。因为全身都是螺栓，所以可以一直钻到底部来固定板材。

木钉是指只在尖头上有螺丝扣，根部没有丝扣的螺栓。因为木材坚硬，可以通过尖头钻入，但石膏板等柔性板材，如果不是全身都有丝扣的话，很难把螺栓拧到根部。

螺钉的根部，大致可以有两种类型，一种是碟形的，一种是锅形的。所以，根据螺钉根部的不同形式，一般称其为碟钉或锅钉。如果是用来固定板材的，一般使用根部与板在同一平面的碟钉，这样，螺钉不会露在外面。锅钉会露在板材外面，对刷涂料和贴墙纸都不利。轻钢结构的组装、木结构的组装工程，经常使用自攻螺栓+冲击钻锤。

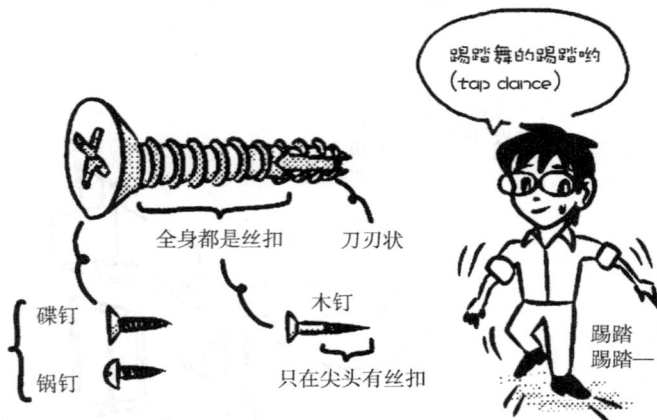

踢踏舞的踢踏哟
(tap dance)

全身都是丝扣　刀刃状

木钉

碟钉

锅钉

只在尖头有丝扣

踢踏
踢踏—

Q 为什么要设踢脚板？

▼

A 踢脚板是指在墙的根部设置的细长条构件，是为了使墙体和地板的交接处看起来更美观，另外也是为了不污染墙根部而设置的。

墙板一般不会在地板处被整齐地切断，从而影响美观。另外，地板有凹凸不平的地方时，墙板和地板之间的缝隙也会不规则，也会影响美观。不管是贴墙纸还是刷涂料，在地板处能把墙体做好，还真是件难事。

为了墙体和地板的交接处更整齐美观，通常在这些部位设置踢脚板。因为踢脚板是用直线形构件做成的，所以外观上整齐归一。

对于贴墙纸和刷涂料的工程，因为墙纸和涂料都在踢脚板上面整齐地切平，所以看起来更漂亮。所以，踢脚板能起到保证装修整齐归一的作用。

在墙壁的下面，会发生被脚踢到和家具碰撞等问题，另外，打扫卫生时也会碰到并弄脏，因此容易积灰而且易于损坏。为了避免诸如此类事情的发生，通常会用深色踢脚板进行补强。

如果踢脚板跟墙面同样用白色的话，污垢会很显眼，所以多会用深色踢脚板以避免污垢凸显。

踢脚板可以用木制的，也可以用树脂材料制成的。做成产品的树脂软踢脚板便宜并易于切割，所以施工方便。希望降低成本的工程经常使用树脂材料。

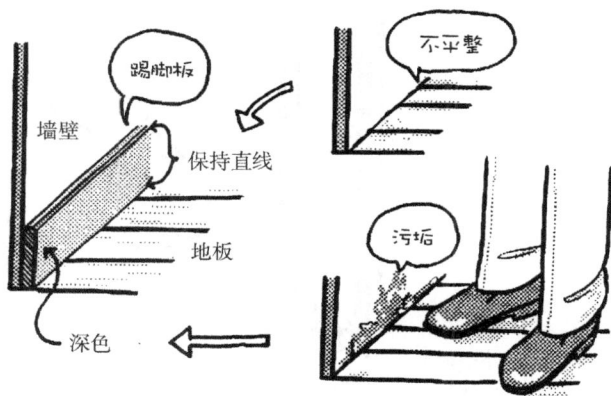

Q 什么是榻榻米踢木?

▼

A 榻榻米踢木是指在和室地板端部设置的细长棒木，是在墙体和榻榻米缝隙之间埋置的。

从和室的墙体表面凸出来的柱子比较多，这些柱子通常用真壁柱建造法建造的。顺便说一下，柱子被隐藏起来的做法称为大壁柱建造法。

　　真壁柱建造法→柱子露在墙外

　　大壁柱建造法→柱子被隐藏起来

真壁柱建造法，由于柱子凸出墙壁，榻榻米和墙壁之间会留出一段缝隙。为了填补这个缝隙，需要放置细长的棒木，这个棒木就是踢木。

榻榻米踢木也是使墙壁看起来更整齐的一个装饰木，因此，与踢脚板有同样的作用。

和室一般都会设置榻榻米踢木，但为了保护墙壁，有时也会设置踢脚板。

柱子凸出的表面到墙壁的距离称为出墙尺寸，也称为散面。散面在建筑上一般指两个平行的平面之间的距离。柱子出墙面的距离、踢脚板出墙面的距离以及模板出墙面的距离等都称为散面。

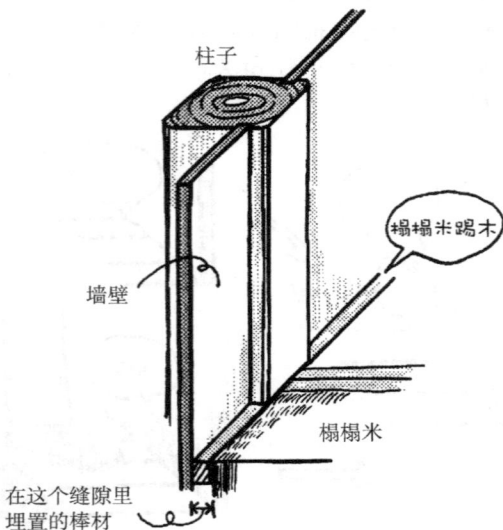

柱子

墙壁

榻榻米踢木

榻榻米

在这个缝隙里
埋置的棒材

Q 为什么会设置收边线?

A 为了使顶棚和墙壁之间的缝隙看来更美观。

收边线是在墙壁和顶棚的交界处设置的细长棒状木材。

因为是在天花板边缘转了一圈,所以称之为收边线。(日语中的)"缘",也用于"缘侧"。缘侧是指地板的端部,而"缘"字,是指端部的专用词汇。

收边线是约2cm见方的细板材,可以做成曲线形等各种形式的收边线,有木制、铝制、树脂制等各种各样的产品。

用收边线将顶棚和墙体的交接处收到一起并固定,端部的不平整等被盖到收边线里。收边线只是覆盖着交接处而已,但外观看起来很整齐。收边线也与踢脚线有相同的作用,使外观整齐划一。

在构件端部横向设置的构件,通常称之为压边材料或压边线等,压边线是为了将构件某一部分从此处收住并看起来整齐划一而设置的。收边线是压边线的一种形式。

像木结构楼房那样造价低的建筑,如果墙壁和顶棚粘贴同样的墙纸,那么,这种情况下,不用收边线而直接贴墙纸就可以了。另外,设计上希望做得更简洁的建筑,也会特意将收边线省略。

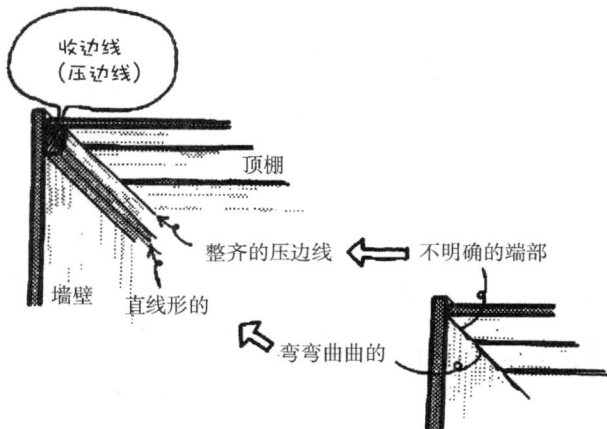

收边线
(压边线)

顶棚

整齐的压边线 ⇐ 不明确的端部

墙壁 直线形的

弯弯曲曲的

Q 固定装饰石膏板、岩棉吸声板等顶棚材料的端部压边线，有什么形式？

▼

A 如下图所示，上边较长的"コ"形截面构件。

使用"コ"形截面，是因为需要把板塞到"コ"形截面里面。压边线用螺钉固定到覆面龙骨上，而"コ"形的上边长一些，是为了固定螺钉时施工方便而设的。如果"コ"形的上下边等长，固定螺钉时会给施工带来不便。

这部分的施工顺序是将轻钢骨架从楼板吊起来并组装，然后在端部布置压边线，之后从下方将螺钉固定到覆面龙骨上，再将板材插入压边线里，从下面用螺钉或黏结材料将其粘贴到覆面板或其他打底用的板材上。

　轻钢骨架的组装→压边线固定在覆面龙骨上→将板材固定到覆面龙骨等地方

用来收纳板材端部的压边线是用树脂或铝制品制作的，这些压边线比木制压边线体积小，并具有很好的收纳功能。即使板材端部有粗糙的地方，也能很好地隐藏到压边线里，所以看起来更整齐美观。

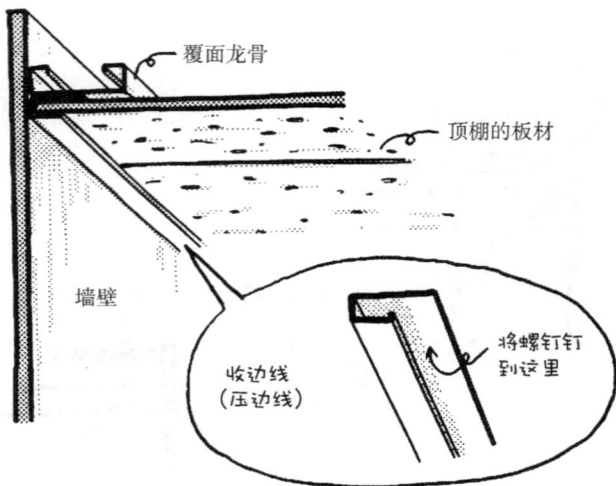

覆面龙骨

顶棚的板材

墙壁

收边线
（压边线）

将螺钉钉到这里

Q 高档住宅的地板，为什么要从钢筋混凝土结构上抬高一些呢？

A 因为要布置污水管道。

地板一般抬高 150～200mm 左右，以便将污水管道横向引入管道空间（PS），然后在那里与竖向管道连接。到达管道空间的横向管道，需要有一定的坡度，所以需要设置一定的高度空间以满足坡度的要求。

为什么需要在钢筋混凝土楼板的上部铺设污水管道呢？这是因为如果发生漏水等现象，在出现问题的住家就可以解决问题。这时，只要把发生问题的地板揭开并进行修理即可，这样，所有的工程只会影响到住户本身。如果在钢筋混凝土楼板下面铺设管道的话，出现漏水等问题时，就需要将下面住户的顶棚揭开才能修理。

虽然都是排水问题，洗脸池、厨房、浴池等地方的排水管道，因为它们的直径都比较小，一般只有 50mm 左右，没有污物的话其坡度也可以做得很小；但对污水管道而言，其直径一般为 75mm 左右，并且需要设置坡度进行横向铺设。

因为有水压力，所以给水管道可以穿通顶棚。另外，煤气、电线等也可以穿通顶棚，只有排水管道需要布置在地板的下部。如果不架空整个住家的地板，至少需要把有污水管道的卫生间及其周边的地板抬高架空。这样，在卫生间的入口处，就会形成150～200mm 左右的高差。

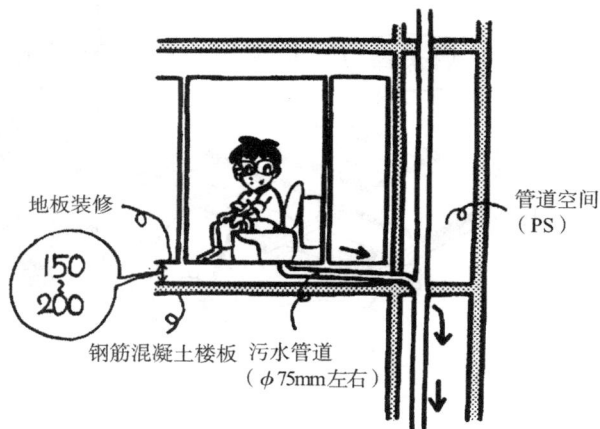

地板装修

150
2
200

钢筋混凝土楼板　污水管道
（φ75mm左右）

管道空间
（PS）

Q　怎样用木材抬高住宅的地板?

A　如下图所示,可以用主木和次木组合起来的木龙骨将地板抬高架空。

45mm左右见方的次木按30cm左右间隔排列,而支撑次木的是90mm左右见方的主木。主木按90cm左右间隔布置。方法与木结构一层地板的结构相同。若间隔用符号@表示的话:

次木:45×45 @ 300

主木:90×90 @ 900

主木是用螺栓固定到混凝土楼板上的。螺栓可以预埋到混凝土里,也可以用钻孔的方式进行锚固。

主木的高度可以用木片调整,通常称此木片为楔子;也可以用砂浆调整主木高度。卫生间的地板等地方,要避开水管等障碍物铺设主木或次木。

次木上面可以直接铺设地板,也可以先铺设12mm或15mm左右的打底板材后再铺设地板。

这样架空抬高起来的地板,不仅方便在其下面设置各种管道,而且人走在上面也会比较舒适。

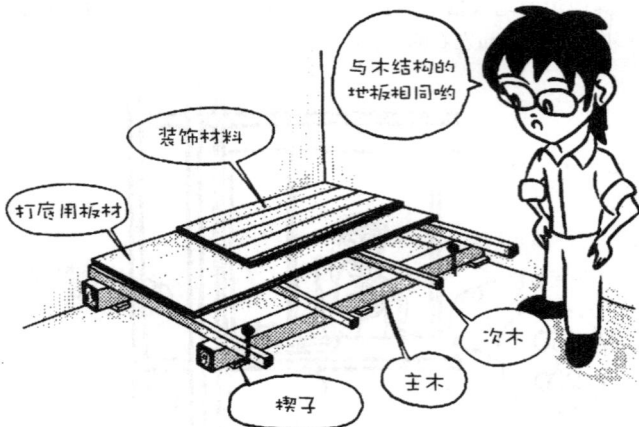

与木结构的地板相同哟

装饰材料

打底用板材

次木

主木

楔子

Q 什么是搁置地板工法?

▼

A 将商品化的整体地板系统搁置在可以抬高地板的金属配件上的抬高方法，称为搁置地板工法。

商品化的整体地板系统是一种搁置方法，称之为搁置地板工法。与用次木抬高地板相比，这种方法只是把成品化的构件排列好就行，所以能节省大型地板的施工时间。这种工法也被称为系统地板、组合地板或自由地板。

商品化的整体地板系统有 40 ~ 90cm 之间的各种各样的尺寸，可以用螺杆调整高度，搁置在地板上的螺栓脚上多附有橡胶，所以地板上的振动不会传到下面楼层。

地板一般使用 20mm 左右厚度的刨花板，然后在上面铺上地板用装饰材料。刨花板是用木头碎片加上黏结材料混合后热压成型的一种板材，作为建筑和家具的打底材料使用广泛。

通常在每块板上安装 4 个螺栓，也有如下图所示的在相接板处共同拥有螺栓的地板系统。

商品化的整体地板系统施工方法中，有一种被称为地板先行法，这种方法是先把所有地板铺好，然后再加隔墙。这种方法可以在商品住宅的每一户里先把所有的地板都铺设好，然后再设置隔墙。这种方法施工简单方便，但房间内的声音会从地板下面穿过，所以比起隔墙先行施工的方法，其隔声效果不好。另外，隔墙的强度也会削弱。

搁置到钢筋混凝土楼板上并排列起来就行哟

装饰板材

商品化系统

螺栓

橡胶

Q 什么是浮式地板工法?

▼

A 为了提高隔声性能,在缓冲材料上面再打设一层混凝土的施工方法。

孩子们蹦蹦跳跳时发出的响声被称为重冲击音,这种重冲击音很难通过更换不同的地板材料来减小。另外,三角钢琴的声音会引起强烈的空气振动,这样的声音也很难消除。对于这些情况下的隔声,一般选用浮式地板工法。

首先,钢筋混凝土楼板上面放置缓冲材料。具有代表性的缓冲材料是高密度玻璃棉。这种玻璃棉与隔热用的玻璃棉材料不同,被制作成在荷载作用下不会压塌的硬质板材。在缓冲材料上面再铺上诸如聚乙烯布那样的不漏水的地板布,然后再打设一层混凝土。如果在缓冲材料上不铺设防水材料就打设混凝土的话,水分会流入缓冲材料中,那么,混凝土会因水分流失而无法凝固。

铺上地板布之后,再把焊接金属网片或其他隔件放置到布上。焊接金属网是用直径为3mm左右的钢筋按150mm左右见方的间隔组合而成的。焊接金属网片是为了防止混凝土割裂而设置的,对结构受力没有贡献。

混凝土打设好之后,最后再在上面铺上地板装饰材料。

钢筋混凝土楼板的厚度为40cm左右,再在其上使用浮式地板工法的话,上下层之间的声音传递会减缓不少。从隔声效果上看,各个工法的排列顺序为:

　　　浮式地板工法 > 搁置地板工法 > 木板组合(次木+主木)

声音不容易传到下面

咚咚—

装饰材料
混凝土
地板布
钢筋混凝土楼板
缓冲材料

Q 住宅用的地板装饰材料都有什么类型?

▼

A 有普通地板、塑胶地板和榻榻米等。

商品住宅等建筑通常使用普通地板、塑胶地板（CF地板革）以及榻榻米三大类型的地板装饰方法。

最初使用的普通地板，是用天然木材一块一块用木栓连接起来的。木栓连接的地方用钉子固定到底板上，然后用胶粘贴。

一般的地板，用的是尺寸为90cm宽或45cm宽、180cm长的合成板，在合成的表面贴上地板材料。这种只用来装饰表层的薄板，被称为面板，面板的厚度因价格而异。如果在这种板上刻上沟痕的话，外表看起来就好像是用一小块一小块木条拼接起来的地板一样。

地板的厚度为12mm或15mm左右，打底用的板材也基本相同。为了降低造价，也可以不使用打底地板，而直接安装到次木上。

塑胶地板是除了普通地板以外使用最为广泛的一种地板，这种地板也被称为CF地板革。这种地板的厚度有1.8mm、2.3mm和3.5mm，是表面印有图案、背面有塑胶垫的树脂地板革。这种地板不怕水而且不易被划伤，所以常被用在洗脸更衣室、卫生间和厨房等处的地板上。这种地板的缺陷是家具的腿会留下凹陷痕迹。

传统的榻榻米表面是蔺草，背面是稻草，厚度为55mm或60mm。最近使用聚苯乙烯泡沫做成的榻榻米也很多，厚度也变薄至15mm和30mm了。这种材料不会有虫害，也不吸收湿气，隔热效果好，而且表面是榻榻米，所以越来越被广泛使用起来。

•普通地板
是一块一块拼起来的

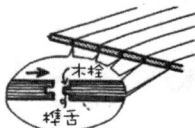

大型板拼接起来

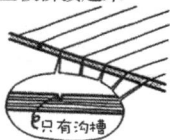

•塑胶地板
CF地板革

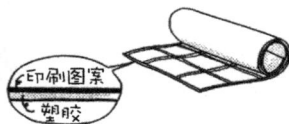

•榻榻米

Q 什么是长尺寸氯化乙烯基地板革？

▼

A 是卷在一起销售的具有2mm左右厚度的用氯化乙烯基制作的地板革，在学校、医院、办公楼以及工厂等处被广泛使用。

也被称为长尺寸塑料革、塑料地板革等，是叠层处理后大概有2mm左右的厚度，表面有光泽并印有花色图案的地板革。

长尺寸是指尺寸大，被卷成筒状，宽度为1820mm，长度为20m或9m等。

这种材料因为只有2mm厚，家具放在上面、人踩在上面都不会产生压塌现象，而且耐久性、耐磨性以及耐水性都非常好，所以被广泛应用到学校、医院、办公楼以及工厂等要求造价低但外观整洁的大型地板工程中。

厨房用的防滑地板以及研究室里耐药品性能高的地方都可以使用。

直接贴到钢筋混凝土地板上，地板会凹凸不平，所以需要用砂浆找平，然后再用塑料地板革的专用胶粘贴到地面上。从钢筋混凝土楼板板面到塑料地板革装饰后的地表面大约有30mm左右的厚度。混凝土楼板浇筑时，如果用金属抹子能很好地将混凝土表面抹平的话，就可以省略用砂浆找平了。

前面所说的住宅用的塑料地板也被称为塑料地板革，但长尺寸氯化聚乙烯基地板革因为比较硬，所以不用到住宅楼地板上。

塑料地板革用在住宅的公共走廊和公共楼梯上时，为了避免鞋子的声音，通常在地板革背后设置厚垫。

用于大型地面能降低造价

氯化乙烯基做成的地板革（塑料地板革）厚度2mm

20m/卷

1820

砂浆找平

钢筋混凝土

Q 什么是瓷砖地毯？

▼

A 是指50cm见方或40cm见方，像瓷砖那样需要拼接的地毯。

◆ 厚度为6mm左右，经常用在办公室以及店铺中。住宅中也会使用。
这是一种像瓷砖那种形式的只要拼接到一起就能完成而且不需要
粘贴的地板装修工程。像长尺寸氯化乙烯基地板革一样，这种方
法也需要在RC楼板上先用砂浆找平，然后再在上面铺设。

如果有弄脏的地方，只要把弄脏部分替换就行。出入口附近等人
经常通过的地方，会很容易弄脏。如果整个地板只用一块地毯铺
设的话，某个地方弄脏后，需要替换整个地毯。但瓷砖地毯就可
以只替换有污垢或损伤的部分，能降低造价而且节省时间。如果
是住宅的话，还可以DIY一下。

这种地毯上的毛被做成轮状的，而且有一定强度。6mm厚的地毯
上的毛有3mm高。

地毯的厚度（高度），会因为地毯毛的柔软而造成测量上的误差，
一般会有大概正负0.5mm左右的误差。如果是6mm的产品，可能
会有5.5 ~ 6.5mm的不同厚度，所以施工时要注意。

这种地毯像瓷砖那样成块状，不管在哪里都很容易搬运，所以作
为活动地板（OA地板）材料也很适合。

脏了的话只替换这一部分就好啦

瓷砖地毯

砂浆

原口秀昭

1959年出生于东京都，1982年毕业于东京大学建筑学科，1986年东京大学硕士研究生课程结业，现任东京家政学院大学居住学科教授。

撰写有《20世纪住宅-空间构成的比较分析》（鹿岛出版会）、《路易斯·I·康的空间构成：图说20世纪的建筑大师》（彰国社）、《一级建筑师考试超级记忆技巧》（彰国社）、《二级建筑师考试超级记忆技巧》（彰国社）、《结构力学的超级计算方法》（彰国社）、《建筑师考试：建筑法规的超级解读技巧》（彰国社）、《漫画结构力学入门》（彰国社）、《漫画环境工程学》（彰国社）、《图解建筑知识问答系列》（彰国社，含《建筑数学、物理学教学》、《钢筋混凝土结构入门》、《木结构建筑入门》、《建筑设备》）等多本著作。

马　华：北京工业大学建筑工程学院
李振宝：北京工业大学建筑工程学院
刘　平：天津大学仁爱学院

中国建筑工业出版社相关图书

《漫画结构力学入门》

《新建筑学初步》

《结构设计的新理念、新方法》

《建筑构造——从图纸·模型·3D详解世界四大名宅》

《图解建筑知识问答系列——钢结构建筑入门》

《地域环境的设计与继承》

《图解住居学》

《居住的学问》

《世界住居》

《住宅设计师笔记》

《医疗福利设施的室内设计》

《图解室内设计基础》

《场所设计》

《新共生思想》

《勒·柯布西耶建筑创作中的九个原型》

《建筑学的教科书》

《建筑论与大师思想》

《无障碍环境设计》

《建筑与环境共生的25个要点》

《图解建筑外部空间设计要点》

《勒·柯布西耶的住宅空间构成》

《路易斯·Ｉ·康的空间构成》

《空间表现》

《空间要素》

《空间设计要素图典》

《空间设计技法图典》

《20世纪的空间设计》

建筑理论 • 设计译丛

《城市 • 建筑的感性设计》
《设计中的建筑环境学》

城市规划理论 • 设计读本

《人的城市　安全与舒适的环境设计》
《欧洲的能源自立》
《现代城市规划理论讲义》
《城市与绿地》

建筑理论 • 设计读本

《住宅无障碍改造设计》
《构造家——梅泽良三》
《建筑论与大师思想》
《充满生机的技术》
《住宅设计师笔记》

园林景观理论 • 设计读本

《简明造园实务手册》
《日本造园心得》